我的第①本
預算計畫 寶典

殷眉——著
金城妹子——繪

金錢預算力！

　　求學時代，我們時常需要面對大大小小的考試，考試最終目的應該是讓學生們審視自己的「學習成果」，培養人對自己「學習能力」與「時間分配」上的掌控。離開充滿考試的校園生活後，我們也需要一個不斷審視自己的管道。

　　在年紀還小的時候，金錢、健康、飲食、學習、感情、人脈……等等面向，幾乎都有家長、長輩、學術機關代為管理，**脫離學校後，許多事情我們必須當家作主，學會「自我管理」的重要性。**

　　可惜的是，我們在學校學習時，卻很少碰到自我管理的相關課程，其中包括直接關係到生存議題的金錢管理。

　　在日劇「魚干女」中，男主角對女主角提出「不想和不會節約過生活的女人結婚」，其實男主角要求的就是「對自我金錢方面的掌控能力」，這部分主要表現在四大層面。

　　第一，是否擁有掌控金錢預算能力、第二，花錢過程是否能有節制，第三，能否妥善用錢，第四，能否順利存下錢。

在「花錢過程是否能有節制」、「能否妥善用錢與存下錢」兩項金錢管理議題，建議可以參考馥眉先前寫過的幾本書籍《省小錢，輕鬆存下100萬》、《30歲前，一定要存到100萬！》。

在以上這幾本書中，詳細探討如何輕鬆存下大把、大把金錢的小撇步，還能看看利用一通電話或一個小動作，可以幫自己每月省下多少錢。

如果時間拉長到1年、5年，甚至是10年來看，就會輕易發現這些小動作，居然能幫自己在不知不覺中存下人生第一桶金！而我們為這桶金所做的事情，有時候不過是打通電話就可以簡單辦到。

現在，讓我們一起回過頭來，看看在花錢之前，如果就能有效利用「**金錢預算力**」，精準評估金錢在身邊來來去去的流量，絕對能在金錢從口袋飛出去之前，率先通過第一道嚴密關卡：預算。

國家每年都會編列各式各樣的預算，以求將金錢作最妥善的管理跟運用；公司企業也會為一整年度的營運計畫，編列詳細且精準的預算；公司要推出一項全新產品，也會編列廣告行銷預算，希望藉此衝破產品銷售量；**我們也需要「金錢預算表」，讓辛苦賺來的錢能夠做最有效的運用。**

為什麼要擁有「金錢預算力」？

這是為了「有效自我控制」荷包裡辛苦賺到的每一塊錢。

為什麼要「有效自我控制」荷包裡的錢？

這是為了「有效自我管理」荷包裡辛苦賺到的每一塊錢。

金錢「預算力」>>有效「自我控制」金錢>>有效「自我管理」金錢>>精於「財務管理」。

只有當我們能「有效管理」辛苦賺到的每一塊錢，才能為自己的人生存下多一分的幸福，為將來的生活多投資下一分保障！

最棒的是，身邊那些精於「財務管理」的朋友們，往往不到40歲、50歲，甚至有人不到35歲，就已經可以脫離為工作賺錢的現實生活，開始過起半退休、只為自己感興趣事情工作的超自由人生！

擁有「金錢預算力」，其實一點也不難，有時候只需要一個打通的觀念，或者是看看別人實際操作的案例，接著花

個5分鐘，寫出一份適合自己的「金錢預算表」，就能輕鬆水到渠成。現在，就讓我們一起看看自己是否擁有「金錢預算力」吧！（請見下頁前言中的「金錢預算力」小測驗」）

最後，祝福拿起這本書翻閱的每一個人，在金錢用度上，不管是甫出社會的新鮮人或早已經很會用錢的箇中好手，都能在各種花費上，展現自己超強的金錢預算力，讓原本握在手中的1塊錢，通通都能用出3塊錢的價值，在開銷支出與生活品質之間，輕鬆抓出最棒的平衡點！

這本書能和大家見面，感謝媽咪默默又養生滿分的支持、金城妹子可愛又能為書籍內容加分的插圖、工作能力超強的葳、擅長利用財經報表進行投資的徐老師、親切聰明的黃律師。

多年前曾協助過我們的周先生、思緒敏捷有條理的妤、全心全意關愛同學們的張老師、在生活中給予相當專業又體貼的每一個人、給予馥眉很多支持的張先生，以及出版社所有同仁們。謝謝你們！

最後的最後，如果想和馥眉分享生活、旅行、職場經驗，或是演講邀約，請上FB「典馥眉 VS. 金城妹子的玩學CLUB」粉絲團留言。

*F*oreword 前言

在正式進入本書前，讓我們一起先來看看自己「金錢預算力」的等級吧！

「金錢預算力」高手班／總得分：40～29分

恭喜你！其實你體內已經擁有相當不錯的金錢預算力，對於如何花用荷包裡的每一塊錢，很有自己的想法，不管是自我控制力或自我管理能力都很不錯，面對和錢有關的課題時，也不容易人云亦云，是非常棒的金錢用度掌控者。

「金錢預算力」中階班／總得分：28～17分

很不錯喔！對於金錢掌控能力很有一套自己的方式，只是偶爾似乎有超出意料之外的小出槌，只要情況不到讓自己被貼上月光族標籤，基本上，你的金錢預算力已經算很不錯喔，只要再稍微努力一點，一定很輕鬆就能成為「金錢預算力」高手班的一員。

「金錢預算力」進步班／總得分：16～5分

在面對金錢用度時，似乎還尚未認真考慮過這件事，其實「金錢預算力」的培養很簡單，只需要幾個簡單觀念跟行動，就能輕鬆擁有令人驚豔的預算能力，讓自己擠身成為厲害的財務管理高手喔。

「金錢預算力」小測驗

題　　目	一直都是 這樣做 （5分）	經常 這樣做 （4分）	有時 這樣做 （3分）	經常 不這樣做 （2分）	從未 這樣做 （1分）
發前往大賣場購物，手中或心中早有張購物清單？					
月採買生活所需用的支出，都在一定度之內？					
月花在飲食方面的費，有一定的固定額，而且很少超出？					
買3,000元以上商時，往往是有計畫，例如：液晶螢？					
乎每一筆開銷，都生活必需品，而非然想要？					
月花費很少透支，就算偶有失足，會在下個月立刻補來？					
於每一筆花費都心有數，意外狀況很發生？					
以在年底，就清楚出明年整年花費，且誤差很小？					

Contents 目錄

Part 1 國家支出需要「預算表」，我們也需要！！ 11

Contents 目錄

Part 1

國家支出需要「預算表」，
我們也需要！！

我們常常在一星期過後，努力想要回想，卻想不起自己在這7天裡都做了哪些事情、完成哪些工作、和多少人有過互動、是否有仔細照顧到生活中每個小細節，以及身邊每一位我們想要珍視的人？時間是如此，金錢也是相同的道理。

善用預算表「控制支出」

　　我們應該都有過類似的經驗。走進一家店消費，當我們的視線開始在各項產品之間到處流轉，店員有時候會小心翼翼走過來詢問：「請問需要我提供服務嗎？您想購買什麼東西，您的預算有多少呢？」

　　很多時候我們的第一反應是愣住，也許會隨便回答一個數字，或者會聳聳肩回答：「我只是想先隨意看看。」如果我們的回答是前者，店員常常會針對顧客的需求，進行一連串的介紹；如果我們的回答是後者，店員就會從店裡單價偏高、對公司最有利潤的產品從頭介紹起。

　　以上推銷模式，其實跟大賣場擺設頗有雷同之處。不知大家是否曾經想過，在豪爽幾百坪、上下N層樓的大賣場裡，數以萬計的商品是如何被陳列的？其實模式就跟那位店員一樣，先從「對公司最有利」的商品開始介紹起。

　　大賣場裡雖然沒有店員銷售，但依然有辦法以「對公司最有利」的角度出發，而非以「對消費者最有利」的方式介紹商品。大家要不要猜猜看，大賣場利用什麼手法，將商品以「對公司最有利」的角度呈現在我們面前？答案請見下方「財務管理」懶人包。

　　相信大家多少都有進入大賣場購物的經驗，在廣大明亮的購物空間裡，當我們推著購物車，輕鬆自在行走於大賣場一條條走道中，以為自己跟身邊的人一樣只是單純購物，卻不知所有購物者在踏進購物中心前，已經被分為兩大類。

第一類：擁有「預算表」

　　不管是手中抓著一長條預算表或購物清單的人，還是心中已經預計好要買些什麼物品的人，都屬於第一類。

　　第一類型購物者在抓取商品時，會先以自己的「需要」為優先考量，就算商品被塞在最高雲層或是必須彎腰才能看到的地方，都能精準無誤挑出自己真正需要的物品，而非掛著特大廣告的特價品或「因為很便宜，正在打折，所以我想要……」為出發點。

　　這類型購物者最常出現的特徵是：巧妙避開特價陷阱，不容意購買過量，也較少發生因過期而丟掉產品的機率；通

常最後丟入後車廂的購物袋裡，裝著和預算表差不多一樣的產品，皮包裡的發票金額也在當初預期之內。

第二類：隨意閒逛。

抱著「今天要買齊一星期份量的早餐以及菜量」大概想法，對於實際要購買的東西沒有事先規劃好，預算也沒有上限的人，都屬於第二類。

第二類型購物者在抓取商品時，會以最先映入眼中的東西開始選購，每次遇到特價品，心裡頭就會冒出「哇，打折過後不買好可惜」的想法，接下來最常上演的戲碼，就是左右開弓、開始拼命抓取貨架上的產品。

這類型購物者最常出現的特徵是：買東西不手軟、拼命把商品丟入購物車裡的姿態，彷彿這些東西都是免費附送的贈品。

「預算表」的存在，可以幫助我們買到真正「需要」的東西，而非「想要」的東西。更棒的是，「預算表」可以「控制」我們的支出，並且大大減少「被隨意浪費掉」的支出！

「財務管理」懶人包

1. 當我們回答：「只是想先隨意看看。」店員就會從店裡單價偏高、對公司最有利潤的產品從頭介紹起。

2. 大賣場裡雖然沒有店員銷售，但依然有辦法以「對公司最有利」的角度出發，而非以「對消費者最有利」的方式介紹商品。

3. 先以自己的「需要」為優先考量，就算商品被塞在最高雲層或是必須彎腰才能看到的地方，都能精準無誤挑出自己真正需要的物品。

4. 更棒的是，「預算表」可以「控制」我們的支出，並且大大減少「被隨意浪費掉」的支出！

5. 大賣場利用什麼手法，將商品以「對公司最有利」的角度呈現在我們面前？答案：大賣場會將對公司利潤最高的商品，擺在消費者視線最容易掃過的地方，通常是擺在中間貨架上的商品；至於被擺在必須仰頭或低頭、彎腰，甚至蹲下來才能看到的商品，往往是賣場無法從它身上賺到更多錢的商品，而這類商品，有時候對消費者來說，才是最佳選項。

「心想事成」
背後的預算表

「**財務管理**」的目的：在於更有效利用荷包裡的每一塊錢。

「**寫下預算表**」目的：在於更精準掌控荷包裡的每一塊錢。

想要做好自己的財務管理，首先最重要的第一步：擬定會確實做到的「預算表」。以下，我們先一起來看月薪3萬塊的Helena，如何在不減少每月應存存款的目標下，買到1萬5千多塊的液晶螢幕。

儘管液晶螢幕已經問市好幾年，Helena一直使用從來沒壞過的舊型電視機，對她來說，不管是薄薄一片液晶螢幕還是傳統厚重舊電視，只要能夠順利收看想看的電視節目就可以。不過，在舊型電視機使用年資進入第9年時，開始出現零星問題。

　　在電視剛開始出現偶發性畫面抖動時，Helena便開始規劃必須存下一筆換電視機的預算，並決定最慢在6個月後一定要存到這筆費用。決定「最慢在6個月後」一定要買到新電視的Helena，花了10分鐘時間，快速填寫了這張表格。

購買「意外高單價物品」心想事成表

財務目標：存下1萬5千塊購買液晶螢幕。

預算表：

15,000÷6＝2,500>>接下來每個月只要順利存下2,500元，就能輕鬆買到夢想中的液晶螢幕。

目前收支狀況：

收入：月薪3萬元

支出：

房租和水、電費……等等固定支出，約為1萬元。

固定儲蓄1萬元。

生活瑣碎開銷、三餐費用、娛樂費用、零用金、置裝費……等等流動支出，約為1萬元。

　　Helena評估以上表格後，發現想要順利買道液晶螢幕，有以下幾種方法，第一，找一份兼職工作，每月收入增加2,500元，就可以在6個月後存到買液晶螢幕基金。第二，

雖然每月有固定儲蓄1萬元，但實在不想因為意外支出而破壞存前計劃，因為這一萬塊，可是她寶貴的房子頭期款基金。第三，在「固定支出」的花費中，比較難靠節約存下錢，看來只能把希望放在節約「流動支出」上。

根據以上想法，Helena做出以下判斷：

A.收入：月薪3萬元

無法自主決定可以每月增加2,500元，除非兼職，但平常工作已經夠忙碌，很難抽出時間再打一份工。

B.支出：

固定支出>>很難馬上節約，立刻就能存下錢，就算開始節省用電量，也無法精準掌控究竟能存下多少錢。

C.固定儲蓄：這是購屋頭期款，不能擅自挪用。
D.流動支出：看來要從這裡下手，每月擠出2,500元存下來。

判斷出可節約的支出項目後，接下來Helena不再需要煩惱，只須回過頭看看自己的生活開銷，滿腦子只要想著「如何在節省流動支出vs.每月存下2,500元」之間，找到絕妙的平衡點就可以心想事成了！（詳情請見下篇「利用支出帳簿，了解支出結構」）

「財務管理」懶人包

1. 「財務管理」的目的：在於更有效利用荷包裡的每一塊錢。「寫下預算表」目的：在於更精準掌控荷包裡的每一塊錢。

2. 固定支出很難馬上節約，立刻就能存下錢，就算開始節省用電量，也無法精準掌控究竟能存下多少錢，想要精準在某個時間、存下一筆存款的人，會把節約重心放在「現金就在錢包裡」的流動支出。

3. 判斷要從哪裡擠出多餘的錢，再利用一點巧思設計，讓自己不知不覺就能存下一定的存款，也是一種必備的生活能力喔！

4. 最近是否有「意外高單價物品」需要購買呢？建議可以使用最後附錄中的空白表格，讓自己輕輕鬆鬆心想事成吧。

擬定能確實做到的「預算表」

生活的基本開銷，很難短時間內省下固定金額，是較僵化的支出！

成功指數：

★

固定
支出

固定
儲蓄

流動
支出

瞄準

為了更偉大的未來夢想所設的儲蓄目標，不能為了買電視而動用存款！

重要指數：

★★★★★

像水龍頭一樣的支出型態，有彈性調整空間！瞄準這裡，從這裡存出一台電視！

成功指數：

★★★★★

利用支出帳簿，了解「支出結構」

Go!

Helena善用判斷力，刪除掉其他可能選擇後，現在她只需要滿腦子想著「如何在節省流動支出vs.每月存下2,500元」，就可以輕鬆達成6個月後購買液晶螢幕的計劃。

更棒的是，只要Helena制定完以下「支出預算表」，並在生活中花錢時多留一點，根本不需要再額外花費任何心力，也不需要每次想起液晶螢幕，就糾結地重新再考慮一次要不要動用存款、是不是該節約用電、還是乾脆放棄購買的念頭……。

把以上這些雜念通通清除，Helena就能更加專注在「我要如何達成目標」上，而且她的目標很清楚，其他生活用度一律不變，只把焦點鎖定在流動支出上，就可以等著6個月後有一筆15,000元的液晶螢幕基金供她使用。

聚焦，有時候可以讓人做好更多事。

擬定好目標，也做好「6個月後有一筆15,000元存款可用」的預算表，Helena接下來要花5分鐘，填寫一張簡單的「流動支出帳簿」。

填完狀況如下：

流動支出	每天支出	每月支出
早餐	45	1,350
午餐	100	3,000
晚餐	60	1,800
聚會大餐	400×2次	800
娛樂費(唱歌)	400×2次	800
治裝、鞋費	1000	1,000
保養品費用	500	500
雜用	300	300
飲料費	40× 每月飲用數10天	400
每月流動支出總和		9,950

Helena填完表格後，赫然發現每天糊里糊塗的日常花費，突然變得相當一目瞭然，抱持著「瞭解是改變第一步」的心態，她開始拿起放大鏡，積極尋找有沒有金錢漏洞，也就是其實不必花費掉的費用。

　　很快的，Helena拋開三餐花費節約的可能性，畢竟吃飯可是人生大事，人可以不喝飲料，但絕對不能不吃飯，她沒興趣拿自己的健康開玩笑。

　　隨著視線一路下滑，接下來是聚會大餐……一個月800元，似乎還在可以接受的範圍裡，繼續往下看，娛樂費、買衣買鞋費用、保養品費用、雜用、飲料費……又都是跟吃的的有關。

　　唯有當我們清楚所有「流動支出」後，才能進一步精準掌握它的用度！Helena雙手捧著「流動支出帳簿」，心裡快速把每月吃吃喝喝項目小小加總一下，猛然驚覺到一項可怕的事實！

流動支出	每月支出
早餐	1350
午餐	3000
晚餐	1800
聚會大餐	800
飲料費	400
每月吃吃喝喝總支出	7,350★

　　每月薪水不過3萬塊，Helena發現自己居然有將近1／3，都花在「吃」上頭，雖說吃飯皇帝大，但繼續這樣吃下去，情況似乎會變得不太妙。

最後Helena如何從看似已經很緊的流動支出中，無痛感每月多存下2,500元？（請見下篇「瘦身支出結構，讓願望更快實現」）

「財務管理」懶人包

1. 購買高單價物品是一種負擔？對月薪3萬、只能實花2萬元的Helena來說，其實也沒那麼負擔。首先她先填寫了一張「購買意外高單價物品心想事成表」，接著又填寫了一張「流動支出帳簿」，等Helena填完這張表格後，6個月後的15,000元遲早是她的囊中物。

2. 需要購買「意外高單價物品」，其實可以不用那麼別煩惱，建議可以使用最後附錄中的「購買意外高單價物品心想事成表」，以及「流動支出帳簿」、「固定支出帳簿」，來一次「無感存錢」的美妙經驗吧！

3. 填完表格後，每天糊里糊塗的日常花費會變得相當一目瞭然，抱持著「瞭解是改變第一步」的心態，Helena開始拿起放大鏡，積極尋找有沒有其實不必花的費用。

瘦身「支出結構」，讓願望更快實現

　　Helena在發現自己居然吃吃喝喝掉將近1/3薪水的大徹大悟下，決定展開以下三大應對方案，好好瘦身一下自己的支出帳簿！

　　在訂出三大應對方案前，Helena拉出一個大前提：以「對目前生活不至於造成傷筋動骨」的目標下，展開令她不斷嘖嘖稱奇的存錢大作戰。

　　第一應對方案：絕不再喝飲料、家裡冰箱也不再出現冰汽水跟冰啤酒。

　　結果這個方案，帶來以下驚人效果，請見下頁表格。

流動支出	每天支出	每月支出	後來 每天支出	後來 每月支
早餐	45	1,350	30	9
午餐	100	3,000	100	3,0
晚餐	60	1,800	60	1,8
聚會大餐	400×2次	800	400＊2次	8
娛樂費(唱歌)	400×2次	800	400＊2次	8
治裝、鞋費	1,000	1,000	1,000	1,0
保養品費用	500	500	500	5
雜用	300	300	0	
飲料費	40× 每月飲用數10天	400	0	
每月流動支出總和		9,950		8,8

★1,150(不喝飲料，每月現存1,150

　　Helena一直聽說過喝飲料很傷荷包，但從未真正付出行動去做，現在只是刪除掉早餐中的那杯綠茶、盡量不要跟同事團購高熱量飲品，也不再動用雜用額度從超便利商店購買啤酒跟汽水，沒想到每月就能多存下1,000多元！

　　接下來，還有1,400元要努力，只是這一切超乎她想像的更加輕鬆。

第二應對方案：原本每個月都會買一次衣服，但其實衣櫃裡還有許多連標籤都還沒剪掉的全新衣物，暫時把每月買一次衣服，改成兩個月買一次衣服。

第三應對方案：以前每星期休假都固定和朋友或同事，一起去唱歌或聚餐，現在把次數減半，改成每個月和友人們出去2次，另外2個休假日剛好可以在家好好休息、充電、多閱讀充實自己。

實際操作內容：

1.Helena先到大賣場購買便宜又好喝的茶包，取代早餐飲料跟下午偶發性的團購飲料，為自己輕鬆存下錢又存到健康！

2.每月挑選出真心想參加的聚會出席，不再有人約就去，社交生活多了「不參加」的選項後，生活變得更簡單也更充實。

3.開始認識自己的衣櫃！原本Helena以為2個月買一次衣服應該會很難受，於是便把衣櫃好好整理一次，挑出自己尚未穿過的衣服，驚愕發現居然高達26件之多，而且大多數是自己一直想穿，卻忘記塞去哪裡的衣褲。

結果三大方案，帶來以下驚人效果，請見下頁表格。

流動支出	每天支出	每月支出	後來 每天支出	後來 每月支
早餐	45	1,350	30	9
午餐	100	3,000	100	3,0
晚餐	60	1,800	60	1,8
聚會大餐	400×2次	800	400×1次	4
娛樂費(唱歌)	400×2次	800	400×1次	4
治裝、鞋費	1,000	1,000	500	5
保養品費用	500	500	500	5
雜用	300	300	0	
飲料費	40× 每月飲用數10天	400	0	
每月流動支出總和		9,950		7,5

★2,500（不喝飲料、娛樂和買衣次數，每月現存2,500元

後來，Helena又開始在每天飲食上花點巧思，例如：購買土司跟愛吃的各種果醬，當作每天早餐；利用在家的假日練習做菜，中午開始偶爾帶義大利麵跟簡單輕食去吃，結果不到5個月就順利多存下15,000元！

當她拿著輕鬆存下的15,000元，到各大賣場跟電器商場購買液晶銀幕時，沒想到又有更棒的事情，正在等著她大駕光臨。

「財務管理」懶人包

1. Helena拉出一個大前提：以「對目前生活不至於造成傷筋動骨」為目標下，展開令她不斷嘖嘖稱奇的存錢大作戰，並訂出三大應對方案。

2. 三大應對方案：第一應對方案：絕不再喝飲料、家裡冰箱也不再出現冰汽水跟冰啤酒。第二應對方案：原本每個月都會買一次衣服，，改成兩個月買一次衣服。第三應對方案：以前每星期休假都固定和朋友或同事，一起去唱歌或聚餐，改成每個月和友人們出去2次。

3. 以上三大應對方案的實際操作內容：買茶包、每月選擇兩次真心想參加的聚會、整理衣櫃！

當好運降臨時，有沒有錢接住它？

　　在「盡量不影響原本生活」的前提下，Helena手中握著5個月就存到的15,000元，準備購買液晶螢幕。

　　本來她打算花點時間，再次研究液晶螢幕的價錢，畢竟上次瀏覽價錢是5個月前的事，在這變化快速的世代，是該好好再研究一下市面價錢，但顯然老天爺另有安排。

　　傳統電視在Helena存到錢後沒多久，在一個熱得要命的下午，電視裡頭正在上演她愛看的戲劇，劇情正慢慢走向高潮，沒想到銀幕突然晃閃兩下，接著所有顏色化成螢幕中間的一直線，最後電視螢幕一片烏黑荒蕪，連一丁點聲音也發不出來，正式宣告壽終正寢。

計劃，趕不上變化。但預算表，讓Helena搶先一步
掌握變化！

Helena一面感嘆天有不測風雲，一面火速衝向各大賣場
比價，沒想到幾乎各大賣場不約而同掀起「特價潮」，她原
本相中的液晶螢幕，硬是又往下減價1,000多元。

經過瞭解後得知，因為那幾天天氣特別炎熱，許多人開
始紛紛購買冷氣機，為了衝買氣，賣場們紛紛祭出超級優惠
的價格搶攻市場。Helena只是運氣好，搭上這股電器特價
潮，別人買冷氣時，她買液晶螢幕。不過，趕搭上這股熱潮
的唯一缺點是──太多人正在安裝冷氣，她購買的液晶螢幕
要三天後才能到府安裝。

Helena算算日子，自己正在追的戲劇剛好三天後晚上，
要上演令人掛念的完結篇，雖然時間上有點緊，但應該能
銜接得剛剛好。決定搶搭這股家電熱潮買液晶螢幕後，
Helena規定自己必須至少連跑3家賣場比價，才能出手購
買。

在她踏進第一家店時，發現自己想要的液晶螢幕，從原
本的15,000元，降價成只需要14,000元。當下，Helena滿
腦子飛舞著「就是它了，買了買了」的念頭，不過，她沒有
忘記出門前的比價計劃。

接著，Helena在奔向第二家賣場時，途中有了第一家賣場的不同分店，抱持著「只是分店，價錢應該都一樣的心態」，她走進比第一家略大的分店，赫然發現就算是同一家賣場，也會因為不同分店而有1,000元左右的價差！

金算盤飛快在她腦子裡轉動起來，原本15,000元的液晶螢幕，在第一家賣場降價成只需要14,000元，又繼續往下跌，只剩下13,500元。現在她還要多此一舉跑去看另外一家賣場嗎？

Helena心裡雖然有個聲音在說NO，但此時此刻她已經充分感受到「電器商品正在破盤大特價」的風潮，在好奇心的驅動下，她真心想知道另外一家全然不同的賣場，是否會祭出更誘惑人的特價活動。

直到2小時後，Helena真正刷卡買下液晶螢幕的那一秒，她滿心激動感謝上蒼，讓她不僅以超低價買到需要的產品，還意外獲得100元禮卷！（詳情請見下篇「瞭解，是輕鬆掌握的關鍵句！」）

「財務管理」懶人包

1. 計劃，趕不上變化。但預算表，讓Helena搶先一步掌握變化！

2. 抱持著「只是分店，價錢應該都一樣的心態」，她走進比第一家略大的分店，赫然發現就算是同一家賣場，也會因為不同分店而有1,000元左右的價差。

3. 如果沒有提早存到這筆錢，Helena可能趕搭不上這股特價潮，更別提三天後就要上演的戲劇結局，以及莫名其妙幸運獲得的一百元禮卷！

瞭解，是輕鬆掌握的關鍵句！

在那短短的2小時裡，究竟發生了什麼事？不僅讓原本「心有所屬」的Helena拋開原本相中的液晶螢幕，爽快刷了一萬多塊買下其他品牌的液晶螢幕，還意外獲贈一百元禮卷！

鏡頭拉回在好奇心驅動下的Helena，一腳踏進第三家賣場，開始一一研究起現場液晶螢幕的品牌後，驚奇發現到兩件事。第一，這家賣場品牌比較多。第二，居然沒有她想買的品牌？

Helena在液晶螢幕區來回比價，一名50多歲的店員走過來關切，經過一番詢問後，她才恍然大悟自己原本相中的品牌，其實是新品牌，剛進入這塊領域不久，期望用大量銷售來測試產品性能，所以把價錢壓得比較低。

　　非常不喜歡遇到送修狀況的Helena，一連串問了幹練店員好幾個問題，一次統整如下：

　　1.請問哪一家保固時間最長？
　　2.哪一家送修速度最快，服務最好？
　　3.哪一個品牌耐用出名，最少出現需要送修的狀況，也就是機種最穩定？
　　4.以實用性來說，哪一家最值得購買？
　　5.在價格與產品之間，而非價格跟名氣之間，哪一家最符合使用者需要？

　　透過幾個問題了解後，Helena放棄原先想購買的品牌，買下原價17,000元，特價過後只需要12,000元的產品，雖然比預計尺寸小了2吋，但放進她溫馨的小套房後，尺寸剛剛好。

　　購買液晶螢幕過程，原本預算有15,000元，經過一番比價跟搭上特價潮後，不僅買到超出原本預算的商品，甚至還能直接現省3,000元！這已經是她一個月的午餐費用。

　　最後晃出大賣場，Helena拿著1萬多塊的發票到櫃台蓋章，領取當日購買超過3,000元就能獲贈一串衛生紙的獎品，再多看一眼，發現當日購買超過3,000元加碼再送100元禮卷。

這趟購買液晶螢幕之旅進行到這裡，Helena只花了12,000元買到需要的產品，另外還多了一串衛生紙、100元禮卷、直接現場省下的3000元，以及往後每個月都會一直保持下去的好習慣。

從此，Helena每月購屋基金提高為12,500元，往前大大拉進自己跟購屋夢想之間的距離！

 「財務管理」懶人包

1. 原本預算有15,000元，經過一番比價跟搭上特價潮後，不僅買到超出原本預算的商品，甚至還能直接現省3,000元！這已經是她一個月的午餐費用。

2. 購買液晶螢幕之旅進行到這裡，Helena只花了15,000元買到需要的產品，另外還多了一串衛生紙、100元禮卷、直接現場省下的3,000元，以及往後會一直保持下去的好習慣──每月購屋基金提高為12,500元，拉進自己跟購屋夢想之間的距離！

3. 購買商品時，除了詢問價格跟產品功能之外，後續送修、產品穩定性等問題，如果有列入考量，將會為未來的自己省下許多不必要的麻煩喔！

瞭解，是輕鬆掌握的關鍵句！

步驟1：　事先規劃好預算

步驟2：　決定貨比三家

步驟3：　14,000元　　13,500元　12,000元

除了比預算多省下3000元，還意外收獲了：
1. 一串衛生紙的獎品
2. 100元禮卷
3. 每月購屋基金提高為12,500元

購買商品時，除了詢問價格跟產品功能之外，後續送修、產品穩定性等問題，如果有列入考量，將會為未來的自己省下許多不必要的麻煩喔！

看「清」支出，才不會看「輕」辛苦賺來的每一塊錢

我們常常在一星期過後，努力想要回想，卻想不起自己在這7天裡都做了哪些事情、完成哪些工作、和多少人有過互動、是否有仔細照顧到生活中每個小細節，以及身邊每一位我們想要重視的人？

「時間」是如此，「金錢」也是相同的道理

每個月薪水在固定時間流進銀行戶頭裡，等著我們花用，每當身邊的錢花完，只需要走到提款機前，按下幾個數字，花花綠綠的鈔票就會被放進皮包裡，或者直接被花掉。

只是，我們是否清楚自己到底都把錢花去哪裡了嗎？先前的Helena利用「三分法」來處理每月的薪水，把月薪3萬俐落切割成三等份，一份1萬元台幣，分別作為固定支出、流動支出，以及購屋頭期款的「存款預算表」。

　　當Helena覺得這樣的安排已經很妥當時，沒想到一次「購買液晶螢幕」的經驗，讓她猛然驚覺到其實生活中，有些開銷並不是「必要消費」，只要多花點巧思，在日常生活多用點心，這些費用都能夠存進荷包裡，成為我們實現各種夢想的最佳後盾。

　　以流動支出為例，「必要消費」與「非必要消費」區別請見下頁表格。

　　買東西，需要仰賴「購物預算表」，好讓我們能清楚掌握金錢來龍去脈；儲蓄更需要仰賴「儲蓄預算表」，好讓我們更清楚瞭解到「何時」會有「多少錢」，可以供我們做更有效的運用。

　　「儲蓄預算表」這部分，我們將會在第二單元中詳談。畢竟只需要紮實做好「儲蓄預算表」，許多夢想，例如：旅行、開店計畫、退休計劃、進修計劃……等等，都因為有金錢做後盾，讓夢想不再只是夢想。

流動支出	每月支出	後來每天支出	後來每月支出	是否為必要消費	理由
早餐	1350	30	900	非必要消費	自己做，每天多分鐘，卻可以有更多錢！
午餐	3000	100	3000	必要消費	在公司上班，一以方便為主，另和同事用餐，也以間接促進感情
晚餐	1800	60	1800	非必要消費	在家時間比較由，盡量自己煮
聚會大餐	800	400×1次	400	必要消費	不希望為了一時錢，卻失去生活趣。
娛樂費（唱歌）	800	400×1次	400	必要消費	不希望為了一時錢，卻失去生活趣。
治裝、鞋費	1000	500	500	非必要消費	改成2個月購買次，讓自己學會錢花在刀口上。
保養品費用	500	500	500	必要消費	基礎保養不能少
雜用	300	0	0	非必要消費	對身體無益又有的事，應該戒掉
飲料費	400	0	0	非必要消費	改喝茶包一樣味，又對身體好，一舉兩得。
每月流動支出總和	9,950		7,500		

「財務管理」懶人包

1. 我們是否清楚自己到底都把錢花去哪裡了嗎？

2. 有些開銷並不是「必要消費」，只要多花點巧思，在日常生活多用點心，這些費用都能夠存進荷包裡，成為我們實現各種夢想的最佳後盾。

3. 買東西，需要仰賴「購物預算表」，好讓我們能清楚掌握金錢來龍去脈。

4. 儲蓄更需要仰賴「儲蓄預算表」，好讓我們更清楚瞭解到「何時」會有「多少錢」，可以供我們做更有效的運用。

支出預算表：
筆電大作戰

　　多年來，朝九晚五的Irene，一直希望能買一台自己專業用的筆記型電腦，費用大約在5萬元左右。

　　這個願望在Irene心中已經放了3年多，總覺得有困難度而遲遲沒有動手去做，直到有天，Irene拿起一張紙，花不到10分鐘時間，興奮規劃完「購買夢想筆電大作戰」的預算表格。

　　在規劃行動最初，Irene首先拿出銀行本，看著數字很少進入五位數的存款簿，心裡忍不住發出「我真的可以辦得到嗎？」的疑問，雖然抱著懷疑的問號，但Irene決定這次一定要好好試試看。

實現願望三步驟：

第一步驟，先弄清楚自己能為這件事付出多少？付出最好的標準，通常在以目前能力可以輕鬆做到的地方，然後再小小往上調一點。

Irene先思考一個月有多少錢可以放進這個夢想裡，在觀察過自己每月的開銷狀況後，決定以每月存下3,000元為目標，作為實現購買專業筆電夢想的第一步。

第二步驟，把「距離夢想有多遠」跟「每月能為夢想付出多少」放在一起看，小小預測一下實現夢想的那一天，究竟何時可以到來？有時候我們以為很遙遠的事情，只要經過這關鍵的第二步驟，往往會有很驚訝的發現。

Irene拿出計算機，5萬元除以3,000元，得出16.6666的數字，Irene知道自己只要持續每月存下3,000元，大約17個月後就能存到5萬元，也就是17個月後買專業筆電的夢想就會成真。比起先前毫無進展的3年多，等於一年又五個月的17個月，時間上似乎感覺短得多了。

第三步驟，當我們可以看見終點在哪，就一定可以走到那裡。Irene在2013年4月5日開始執行這項計劃，17個月後，時間點大約會落在2014年8月5日。Irene心裡很清楚，

只要自己從這個月開始，每月固定存下3,000元，在2014年
8月左右，就可以美夢成真。

　　做完以上動作後，Irene看著手中的預算表，訝異原來
只要每月存下3,000元，大約一年半後，就可以買到心心
念念已久的筆電。透過預算表，Irene突然感到一陣頭昏眼
花，內心驚悚大喊著：「自己之前到底是為了什麼整整浪費
了三年多的時間啊？」

支出預算之筆電大作戰 2013.4.5 製表

存入日期	存入金額	累積總金額	距離目標只差？
4月5日	3,000	3,000	47,000
5月8日	1,000	4,000	46,000
6月5日	3,000	7,000	43,000
7月5日	5,000	12,000	38,000
8月5日	3,000	15,000	35,000
9月5日	4,000	19,000	31,000
10月5日	3,000	22,000	28,000
11月5日	4,000	26,000	24,000
12月5日	2,000	28,000	22,000
預計今年存下金額		27,000	
先前累積金額		0	
總共累積金額		28,000	
預計何時達到目標		2014年8月5日	

在做這三步驟之前，Irene原本一直覺得這是件很困難的事，甚至有點遙遙無期，所以才放任夢想在心中擱淺，久久沒有來點實際作為，直到花了10分鐘左右時間寫完預算表，Irene突然有種豁然開朗的感覺。

「支出預算之筆電大作戰」表格是Irene2013年努力的成果。（Irene是否能照預算表完成夢想，請見下篇「預算表是夢想的翅膀」。）

實現願望三步驟

第一步驟，先弄清楚自己能為這件事付出多少？付出最好的標準，通常在以目前能力可以輕鬆做到的地方，然後再小小往上調一點。

第二步驟，把「距離夢想有多遠」跟「每月能為夢想付出多少」放在一起看，小小預測一下實現夢想的那一天，究竟何時可以到來？

第三步驟，當我們可以看見終點在哪，就一定可以走到那裡。

有時候我們以為很遙遠的事情，只要經過這關鍵的第二步驟，往往會有很驚訝的發現。

預算表是
夢想的翅膀

Go!

從上篇文章的（表4）預算表中，我們可以看見Irene五月的時候，只存下1,000元，這是因為要購買母親節禮物的關係，不過，她很快在7月5日存下5,000元，將五月留下的缺口補上。在執行計劃時，有時候適度的「彈性調整」，可以幫助事情進行的更加順利，對生活來說也更為輕鬆。

在「支出預算表」中，我們可以看到有四大要注意的方向，只要確實掌握這四項要素，夢寐以求的夢想不需要仰賴向上天祈求，其實是可以靠自己的力量，把它變成現實生活中的一部分。

組成「支出預算表」四大要素：

第一要素：存入日期。

Irene規定自己的存錢時間，固定是每月5號領薪日，因

為是領薪日，再加上前一個月說不定有剩下餘錢，整體來說，每月5號，幾乎是一個月當中身邊握有錢最多的日子。雖都是每月5號，2013年與2014年卻有本質上很大的不同。

2013年每月5號，Iren把前一個月花剩的錢，存入戶頭裡，並且規定自己再也不能領出來花用，不過，2014年開始，每月5號的存錢習慣，不再是前一個月花剩的錢，而是當月剛領到的薪水。

也就是說2013年的存錢習慣：薪水－支出＝存下。
2014年的存錢習慣：薪水－存下＝支出。

一樣都是每月5號存錢，當Iren改變其中操作方式後，存錢變成一種更清爽、更無負擔的事情。

2013年時，Iren每次花錢心裡頭都會有些罣礙，擔心這個月會不會花過頭，導致剩餘的錢不足3,000元，尤其是五月買完母親節禮物後，當她發現皮包裡只剩下1,000元時，內心其實對自己相當失望。

2014年時，Iren決定改變存錢習慣，接著她驚喜地發現，只要先把要存下的錢進入戶頭裡，接下來根本不用時時擔心餘錢不到3,000元，心態變得更加輕鬆，每次花錢只需注意不要把錢包裡的錢通通花完就可以。

第二要素：存入金額。

雖然規定自己每月存入3,000元，但有可能發生需要額外花大錢的情況，例如：突然收到紅色炸彈。

Iren希望自己在金錢上的運用可以更加彈性，於是多設計了一格「存入金額」，以防萬一當月少存了，卻因為沒有記錄而導致預算表失靈。

除此之外，Iren更希望看到的是自己多存錢的那些日子，每當當月存下超過3,000元的金額，她就會感覺自己很不錯。

支出預算之筆電大作戰

存入日期	存入金額	累積總金額	距離目標只差？
1月5日	3,000	3,000	19,000
2月5日	3,000	6,000	16,000
3月5日	3,000	9,000	13,000
4月5日	3,000	12,000	10,000
5月8日	2,000	14,000	8,000
6月5日	3,000	17,000	5,000
7月5日	5,000	22,000	0
預計今年存下金額		22,000	
先前累積金額		28,000	
總共累積金額		50,000	
預計何時達到目標		2014.8.5	
實際達到目標日期		2014.7.5	

多存下一點錢，不僅可以讓自己離夢想更進一步，最棒的是能換來好幾天的好心情，以及對自己的認同感。這些都是真正的無價之寶喔！

第三要素：累積總金額。

看著當年累積金額不斷飆高，讓存錢這件事變得相當有感，每一次準時存入目標金額，對Iren來說，都是往夢想前進的一小步。

第四要素：距離目標只差？

看著需要再存進去的金額越變越小，尤其在進入最後四位數的倒數時，那種夢想就快要實現的歡愉感跟刺激感，是夢想實現前的甜美前菜！

由左頁「支出預算之筆電大作戰」表格中，我們可以看見Iren在2013年存下28,000元，2014年存下22,000元後，輕鬆買到渴望已久的筆電，而且時間還比原本預期的提早一個月！

「財務管理」懶人包

組成「支出預算表」四大要素：第一要素：存入日期。第二要素：存入金額。第三要素：累積總金額。第四要素：距離目標只差？

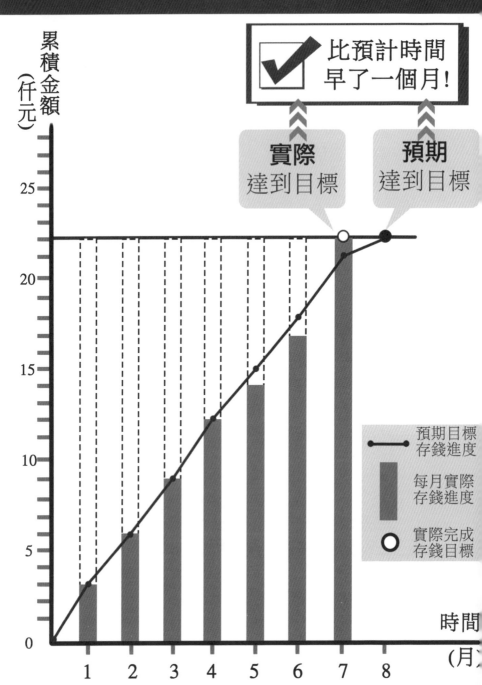

建立自信的最大功臣

　　承上篇文章，在2014年7月5日這一天，Iren不僅終於存到5萬塊，還額外獲得對自己的認同感、發現自己有實現夢想的能力、終於得到夢寐以求的東西、變得更加喜歡自己也更加相信自己。

　　最後Iren更驚奇地發現，原本感覺不可能、抱持存疑的事情，自己不但有能力跟自制力做到，甚至還意外提前一個月實現夢想！

　　很多時候我們**覺得事情太難、自己可能辦不到，這些都只是抽想的想法，並不是真實的情況**。

　　想要做到看起來有點困難的事，我們需要的或許不是勇氣、運氣，和眾人的集氣，而是一張簡單易懂的預算表格，就可以輕鬆辦到。

在表5中，我們可以看到除了四大元素以外，還有以下幾點：

第一點：預計今年存下金額。

當我們把5萬塊端上桌面來看時，有時心中會產生「5萬塊好多，不曉得能否順利存到」、「要在短時間存到5萬塊，感覺壓力好像有點大，人生需要給自己這麼多壓力嗎」這類疑問。

不過，當我們把5萬塊拆成能力可以負荷的「2013年存下28,000元」、「2014年存下22,000元」，就會突然變得有自信起來；Iren心中OS改成「一年2萬多塊，其實也還好嘛，努力看看說不定真的能做到」、「5萬塊的確感覺壓力有點大，但如果是2萬多塊就變得輕鬆許多」。

第二點：先前累積金額。

Iren這張預算表需要17個月來完成，不管開頭是幾月份，一定會有跨年的狀況發生，列出「先前累積金額」，會讓她更有動力堅持把這件事完成。

例如：當她在2014年不小心萌生想要放棄存錢的念頭時，只要看到先前累積金額已經到達28,000元，再稍稍回想先前的努力跟堅持，Iren心裡的OS可能變成：「雖然覺得有些累，想要放棄，但如果現在放棄，不就對不起先前

默默努力了好久的自己嗎？」列出「先前累積金額」背後意義：讓自己先前的努力，成為往後持續一直走下去的最佳原動力！

第三點：總共累積金額。

雖然知道這裡要填入的數字是5萬元，但不要偷懶略過，好好正視自己渴望的目標，確實寫下抵達終點時的金額數字或願望。

這就像完成馬拉松賽跑的人，雖然知道終點在哪，但仍希望地上畫出一條明顯的線，在客觀環境裡，清楚明白地告訴自己：謝謝自己一直很努力，做得很棒，終於抵達終點了喔！

第四點：預計何時達到目標。

當我們寫下「預計何時達到目標」的日期時，心情就會變得跟期待和喜歡的人出去約會一樣，在這一天真正到來之前，就會開始變得興奮、快樂、希望那天快點到來。充滿期待的好心情，無價。

第五點：實際達到目標日期。

當Iren把「實際達到目標日期」填上時，一股難以言喻的滿足與幸福感，立刻充塞她全身所有細胞！達成目標，是一回事；提前達成目標，又是另外一回事。

對於原本有些懷疑自己的Iren來說，這次從擬定預算表、執行，到最後真的實現，讓她對自己有了另外一層認識，心中不免發出：「原來只要列出預算表，自己也可以做到先前認為不可能做到的事情。」

更棒的是，Iren不僅達成目標，還提早一個月做到，對她來說，感覺就像「自己超越了原本對自己的期待」，有種「原來我可以做得更棒」的充足感。多喜歡自己一點的充足感，無價。

預計今年存下金額	22,000
先前累積金額	28,000
總共累積金額	50,000
預計何時達到目標	2014.8.5
實際達到目標日期	2014.7.5

「財務管理」懶人包

1. Iren不僅終於存到5萬塊，她還額外獲得對自己的認同感、發現己有實現夢想的能力、終於得到夢寐以求的東西、變得更加喜自己也更加相信自己！

2. 想要做到看起來有點困難的事，我們需要的或許不是勇氣、氣，和眾人的集氣，而是一張簡單易懂的「預算表格」，就可輕鬆辦到。

3. 列出「先前累積金額」背後意義：讓自己先前的努力，成為往持續一直走下去的最佳原動力！

4. Iren不僅達成目標，還提早一個月做到，對她來說，感覺就「自己超越了原本對自己的期待」，有種「原來我可以做得棒」的充足感。

Part 2

把自己
看成企業體來經營

　　實現人生願望就跟煙火一樣；下定決心，是最重要的火花，但在此之後，我們必須在黑暗之中很努力往上飛升，最後才能燦爛整片夜空！只要持續往下走下去，遲早有天可以追上進度，說不定還能提前完成心心念念的人生重要願望。

將來的自己會有多少錢？

我們很少問自己以下幾個問題。

1.現在身邊屬於我們的資產通通加起來，總共有多少？

2.如果薪水不變，今年過完，總存款會有多少？

3.五年以後，自己身邊會有多少錢？

4.十年以後，自己身邊會有多少錢？

5.如果薪水不變，也不依靠任何人，買房頭期款要200萬，自己必須再存多久才有200萬？

6.養老金到底要多少才夠？假設需要500萬，依照目前存錢速度與已有存款來看，還要工作幾年才可以退休？

7.結婚、生子都需要錢，孩子們唸書的教育基金是否已經準備妥當，還有人生其他需要較多金錢支出的款項，是否都已經準備妥當？

Miranda常常看著越來越高的房價，心中感嘆自己永遠買不起房，卻從未算過她是真的買不起房，還是只要維持目前生活節奏不變，其實工作7年後，手邊就會有一筆足夠的存款，可以一圓買房夢。

財務狀況大剖析

公司財務狀況	健康請打勾	個人財務狀況	健康請打勾
司目前有多少資金？		自己目前總資產到底有多少？	
否融資買了過多設備？例：辦公室成本、生產線機化成本		是否有貸款？例如：房貸、車貸、就學貸款。	
司整體營運狀況為何？		自己整體收入是否健康、有保障？	
司未來前景是否看好，或就快要資金周轉不靈？		這些收入來源會一直持續下去，還是有可能中途被迫離職？	
邸財務狀況是否優良？		總資產與貸款之間的平衡點，是自己可以接受的嗎？	
果公司一直都沒賺錢，到還可以撐幾年？		如果突然失去工作，以目前存款可以生活幾個月？	

Miranda也常常幻想退休那天的到來，心裡總想著那時候自己就真正自由了，卻從未想過一份屬於她的退休計劃，究竟需要多少生活預算才夠？

　　我們或許不是公司大老闆，不需要瞭解公司目前有多少資金、是否融資買了過多設備、公司整體營運狀況為何、公司未來前景是否看好、內部財務狀況是否優良、如果公司一直都沒賺錢，到底還可以撐幾年？

　　但是，其實我們在面對自己一生中的所有花費時，跟老闆面對公司所有營運問題常常不謀而合。上頁的「財務狀況大剖析」表格是公司財務狀況與個人財務狀況對照表，我們可以從表格中發現，就算這輩子不開公司，有些基本問題兩者之間其實是相通的。

「財務管理」懶人包

1. 現在身邊、屬於我們的資產通通加起來，總共有多少？如果薪水不變，今年過完，總存款會有多少？五年以後，自己身邊會有多少錢？十年以後，自己身邊會有多少錢？以上這些與我們切身相關的問題，自己是否都已經心裡有數了呢？

3. 公司內部財務狀況是否優良？跟我們「總資產」與「貸款」之間的平衡點是否有抓好，其實是相同的道理。

不可斷的收入來源：
自己任職的公司

　　一間財務狀況優良的公司，到底有哪些特質？

　　一定要上市上櫃，還是必須是知名的前五百大企業？

　　在演講中，馥眉曾經問過一個問題：如果知名度越大、排名越前面，代表公司永續經營的可能性越大，我們是否知道全世界第一大經濟體美國，該國前五百大知名的大企業，經過多少年後，平均有30％會倒閉？

　　也就是美國前五百大企業中，有150家企業多少年後將會倒閉呢？

　　有超過一半以上的人，覺得大約100年後會倒閉，也有人覺得美國家族企業傳統盛行，應該可以撐更久，也有人覺得至少經營個50年沒有問題，畢竟美國可是全世界第一大

經濟體，是經濟強國中的前五百大企業，撐個50年應該不會太難吧？

結果，答案出乎眾人意料之外。**根據統計，美國前五百大知名企業，大約經過13年後，平均會有30％會倒閉，甚至連15年都不到。**

現在，再問一次相同問題：一間財務狀況優良的公司，到底有哪些特質？一定要上市上櫃，還是必須是知名的前五百大企業？答案恐怕已經不是上市上櫃，更甚者，我們已經對所謂的前五百大企業開始信心動搖。

素有儒商之美稱的奇美企業老闆許文龍先生，他旗下經營的公司，從未上市上櫃，也就是如果我們想要購買許文龍先生經營公司的股票，其實是買不到的，因為他根本不讓公司上市上櫃。

為什麼有些公司積極爭取上市上櫃的機會，而有的公司卻敬而遠之呢？這其中的利害關係，值得所有想要進入股票市場的投資者們好好思考。當股民們想要多賺點錢時，老闆心裡也正想著同一件事。

在上篇文章中談到「財務狀況大剖析」的表格裡，可以輕易發現個人財務狀況，大多依存著任職公司。如果任職公

司對個人財務狀況佔據很大的影響，我們是否夠瞭解目前任職的公司呢？

　　一間財務狀況優良的公司，必須具備以下特質越多越好，例如：公司是否擁有足夠的資產、公司是否有隨時代不斷進步的彈性、公司老闆本身領導力是否夠強、公司經營已經超過十年以上了嗎、內部是否為雙頭馬車、短期內有無分裂可能、公司大多數資金是融資，還是公司資產？

　　擁有越多以上特質，代表公司本質是穩固且值得員工好好努力的。

「財務管理」懶人包

1. 根據統計，美國前五百大知名企業，大約經過13年後，平均會有30%會倒閉，甚至連15年都不到。。

2. 當股民們想要從股市中多賺點錢時，老闆心裡也正想著同一件事。

3. 如果任職公司對個人財務狀況佔據很大的影響，我們是否夠瞭解目前任職的公司呢？

4. 判斷財務狀況優良重要指標：公司是否擁有足夠的資產、公司是否有隨時代不斷進步的彈性、公司老闆本身領導力是否夠強、公司經營已經超過十年以上了嗎、內部是否為雙頭馬車、短期內有無分裂可能、公司大多數資金是融資，還是公司資產？

個人財務狀況
解剖學

我們再把視線焦點拉回「個人財務狀況」。

看過如何評估任職公司的財務狀況，現在請依照右頁表格的6項建議，仔細思考自己目前的財務狀況是否優良無虞呢？

表格中第二項建議：貸款可分為三種：投資、需要或者是想要。前兩者都會對個人財務狀況造成好影響，但最後一項很可能傷害我們的財務分配。這到底是為什麼呢？

首先，我們先一起來看購買以下物品，到底應該被歸類在投資、需要或者是想要呢？

＊房子　　　＊車子
＊出國留學　＊大學學貸

個人財務狀況	建議可以這樣評估
自己目前總資產到底有多少？	請見以下「個人總資產」小統計。
是否有貸款？例如：房貸、車貸、就學貸款。	貸款可分為三種：投資、需要或者是想要，前兩者都會對個人財務狀況造成好影響，但最後一項很可能傷害我們的財務分配。
自己整體收入是否健康、有保障？	如果只有單一收入來源，基本上就承擔一部份的失業風險。
這些收入來源會一直持續下去，還是有可能中途被迫離職？	在評估這項指標之前，我們也應該目前任職公司的財務體質。
總資產與貸款之間的平衡點，是自己可以接受的嗎？	有人喜歡買房保值，但如果房屋總價過高，代表每月必須付出的房貸也將會非常可觀，這是自己可以負擔的嗎？
如果突然失去工作，以目前存款可以生活幾個月？	永遠為自己留一步退路，讓生活多一份保障。

請先自己想看看，接下來我們一起來分析看看吧。

＊房子>>需要和投資。

理由：房子不僅可以自住，有時候付房租的費用跟每月支付房貸的費用根本差不了多少，如果是這樣，建議可以乾脆買房，對自己財務狀況會比較有利，畢竟20年後，付房租者還在付房租，但買房者已經不需要再支付這項支出，如果夠幸運，房子增值，還能大賺一筆房屋增值利潤。

＊車子>>想要。

理由：購買車子是這邊所有東西裡，最不值得花錢購買的物品，因為當我們花錢購買時，手中原本的錢立刻折損，而且會隨著時間越來越長，手頭上車子的價值通常只會越來越低。

＊出國留學>>投資。

理由：出國留學雖然很燒錢，這卻是投資自己得最好管道之一，有人花了幾百萬出國留學，回國後工作一年就把這幾百萬賺回來。例如：花幾百萬出國自費學開飛機，等回國後成為機師，一年左右的年薪就可以支付那些留學費用。更重要的是，我們只需要把自己丟到國外學一次，但收入是每年、每年都會流進戶頭裡。

＊大學學貸 >>需要和投資。

理由：和出國留學性質有些類似，但念完大學還多了一項需要，這是因為唸大學時，不僅可以學到某些專業，更重

要的是基本做事方法，以及最重要的認識往後的人脈和一輩
子的朋友。

　　在以上幾項建議中，也許我們會對某些指標感到模糊不
清，請不用擔心，接下來，請藉由下面「個人資產體質」、
「個人總資產」兩大表格，為自己的財務狀況好好體檢一下
吧！（詳細內容請見下篇「個人總資產大蒐秘」。）

「財務管理」懶人包

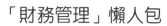

1. 貸款可分為三種：「投資」、「需要」或者是
　「想要」，前兩者都會對個人財務狀況造成好影
　響，但最後一項很可能傷害我們的財務分配。

2. 如果付房租的費用跟每月支付房貸的費用根本差
　不了多少，建議可以乾脆買房，畢竟20年後，付
　房租者還在付房租，但買房者已經不需要再支付
　這項支出，如果夠幸運，房子增值，還能大賺一
　筆房屋增值利潤。

3. 出國留學雖然很燒錢，這卻是投資自己得最好管
　道之一，有人花了幾百萬出國留學，回國後工作
　一年就把這幾百萬賺回來。

個人總資產大蒐秘

Go!

　　從右頁的「個人資產體質」表格中，我們可以清楚看見June的個人經濟狀況，如果想要試著了解自己的財務狀況，建議可以翻到最後的空白表格，花個幾分鐘時間填寫，好一起跟June審視自己的財務狀況喔。

　　從「個人資產體質」中，我們可以看見June的每月收入相當固定，幾乎年初就可以確定她今年年薪約為36萬元，另外還有兼職跟獎金收入。

　　前兩項是主要收入來源，三個銀行存款雖然進行緩慢，主要原因是June每月必須償還房貸，但她還是盡量把錢存入，好讓自己身邊多留一點現款。

　　最後是幾年前購買的房子，隨著物價飆漲，房子也是物品，也跟著水漲船高，從剛開始買進的700萬左右價值，

個人資產體質

存款 體質	今年 總收入	兼職／ 獎金收入	A銀行 活用戶頭 存款	B 銀行存款	C銀 行定存	房地產 現值
一月	30,000	35,000	10,000	2,000	100,000	7,000,000
二月	30,000	5,000	12,000	2,000	100,000	7,000,000
三月	30,000	5,000	15,000	2,000	100,000	7,000,000
四月	30,000	5,000	16,000	2,000	100,000	7,000,000
五月	30,000	5,000	19,000	2,000	100,000	7,000,000
六月	30,000	5,000	22,000	2,000	100,000	7,000,000
七月	30,000	5,000	25,000	2,000	100,000	7,000,000
八月	30,000	5,000	28,000	2,000	100,000	7,000,000
九月	30,000	35,000	31,000	6,000	100,000	7,000,000
十月	30,000	5,000	36,000	9,000	100,000	7,000,000
十一月	30,000	5,000	39,000	12,000	100,000	7,000,000
十二月	30,000	35,000	42,000	12,000	200,000	8,000,000
年度 收入	360,000	150,000	42,000	12,000	200,000	8,000,000

June到年底詢價時，發現房子在不知不覺中漲了100萬左右，算是當年最大收穫。另外，存款在活存裡的利息錢往往少得很可憐，建議可以當一筆存款湊滿5萬或10萬時，用「定存」的方式存入。

個人總資產

今年資產 累積表體質	A銀行活用 戶頭存款	B 銀行存款	C 銀行定存	房地產 現值	總和
一月	10,000	2,000	100,000	7,000,000	7,112,0
二月	12,000	2,000	100,000	7,000,000	7,114,0
三月	15,000	2,000	100,000	7,000,000	7,117,0
四月	16,000	2,000	100,000	7,000,000	7,118,0
五月	19,000	2,000	100,000	7,000,000	7,121,0
六月	22,000	2,000	100,000	7,000,000	7,124,0
七月	25,000	2,000	100,000	7,000,000	7,127,0
八月	28,000	2,000	100,000	7,000,000	7,130,0
九月	31,000	6,000	100,000	7,000,000	7,137,0
十月	36,000	9,000	100,000	7,000,000	7,145,0
十一月	39,000	12,000	100,000	7,000,000	7,151,0
十二月	42,000	12,000	200,000	8,000,000	8,254,0
年度 總收入	42,000	12,000	200,000	8,000,000	★8,254,0

　　以存入10萬塊，年利息2％計算，我們只須要跑趟銀行，或者在網路銀行按一按，每年就會多一筆2,000元左右的「資產收入」，況且把錢轉變為定存，不需要承擔像股票、基金那樣的風險，等於是用「錢」跟「時間」生出來的錢。

　　以上表格，我們看到June的「個人資產體質」包括收入、存款、定存，以及不動產價值，但上表「個人總資產」和「個人資產體質」表是不同的兩樣東西。

在67頁「個人資產體質」的表格中，我們可以看見June月薪收入與兼職獎金收入的存在；但在「個人總資產」中，這兩大項目已經不見了。

這是因為「賺到的錢，不等於是我們的資產，只有存下來的那些錢，才是我們真正的資產」。

「財務管理」懶人包

1. 存款在活存裡的利息錢往往少得很可憐，建議可以當一筆存款湊滿5萬或10萬時，用「定存」的方式存入，賺取相對穩定的「資產收入」。

2. 隨著物價飆漲，房子也是物品，也跟著水漲船高，從剛開始買進的700萬左右價值，June到年底詢價時，發現房子在不知不覺中漲了100萬左右。

3. 賺到的錢，不等於是我們的資產，只有存下來的那些錢，才是我們真正的資產！

賺到的錢，不等於我們的資產，
只有存下來的錢，才是我們真正的資產！

個人資產**體質**表

個人**總資產**表

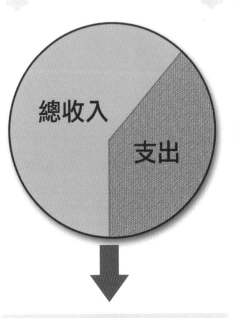

總收入

支出

真實的總資產

這裡看的是
收入的來源有哪些
但總金額裡含有支出
所以無法看出
「擁有多少總資產」

扣掉支出金額後
存下來的
才是真正擁有的
總資產

存款預算表

　　買東西需要預算表，好審視我們自己可以花多少錢買這樣東西，才能收支平衡，不至於給自己日常生活帶來困擾。

　　但購買某些東西或擁有某些計劃的思考模式，必須反過來，例如：買房子。或者是因為某些原因的存錢計劃，更需要存款預算表，例如：退休計劃。

　　前面我們提過的Miranda，一直希望能購屋跟做好退休規劃，只是這件事在她嘴裡唸了好幾年，卻依然毫無進度，

　　雖然曾聽過一些風中飄著的言論，像是：必須存下1,500萬，才可以退休……等等，但Miranda始終覺得退休計劃似乎不該只是一個數字。

　　其實，退休計劃說穿了，就是一個存款數字。

不過，Miranda的想法也沒有錯，退休計劃的確不該由別人定下一個數字，而是應該由我們自己來訂下這個數字，畢竟退休後的生活是很個人的，每個人想要的生活不一樣，開銷自然不一樣。

朋友Lillian大約40歲左右，就開始過起隨興愉快的半退休生活，協助她做出這項決定的方向，主要有兩大方面。

第一方面，Lillian觀察自己最想要的生活，不是天天打高爾夫，也不是天天到餐廳吃大餐，她覺得最舒心的生活，就是每天睡到自然醒、吃得健康簡單、看看書、種種花草，偶爾畫點插圖，這就是能讓她感到最開心、最愜意的生活。

第二方面，Lillian仔細評估自己已有的資產，是否能為將來幫上一點忙。因為已經擁有自己的房子，這樣簡單寧靜的生活，每月開銷大約只需要1萬塊左右，事實上比較準確的數字大約8,000元，就夠應付每月開銷，一年統計下來，大約只需要12萬左右。

Lillian假設自己會活到80歲，拿年開銷12萬乘以40年，得出往後生活大約需要480萬左右。Lillian希望在自己40歲的時候，定期存款數字可以累積到500萬，只要存款達到這個數字，便毅然決然要辭掉年薪50萬的工作，開始過起半退休生活，平常只依個人喜好接案畫畫。

Lillian存款預算表／年齡版

年齡	預計存入金額（萬元）	實際存入金額（萬元）	累積金額（萬元）
26	34	30	30
27	34	30	60
28	34	31	91
29	34	25	116
30	34	34	150
31	34	34	184
32	34	40	224
33	34	30	254
34	34	35	289
35	34	40	329
36	34	35	364
37	34	34	398
38	34	34	432
39	34	34	466
40	34	34	500
預計每年存下金額	34		
平均每年存下金額	33		
預計何時達到目標	40歲		
實際達到目標日期	40歲		

後來，考慮到抗通貨膨脹的問題，Lillian曾一度想把存款數字提高到600萬，但想到這中間500萬會有一點利息錢可供花用，再者，自己還有一間台北市住所，如果不小心活太長或物價飛漲太過厲害，就賣大房住小房，身邊照樣可以多出幾百萬過生活。

　　在Lillian25歲時，就已經對未來生活做過通盤的考慮，並定下希望40歲能半退休的計劃，目標存款金額500萬。從「Lillian存款預算表／年齡版」表格中，我們可以看到Lillian原本預計每年要存下34萬，但剛開始實施時並不順利，常常低於預期中的數字，有一年甚至還只存下25萬元。

　　後來Lillian開始接外包插畫工作，收入越來越多，最後每年都能存下目標34萬，中間還曾經多年一年存下40萬，相當厲害。考慮到生活品質的問題，Lillian在37~40歲時，其實有機會讓自己提早辭掉工作，更早實現半退休生活的夢想，但她選擇每年只存入34萬，其餘的錢拿去出國遊歷，累積生活經驗養分。

　　在Lillian在37～40歲時，雖然尚未走到半退休生活，但她的生活態度其實已經相當放鬆，尤其想著只要在幾年時間，就要進入夢想中的生活，那時候的心情想必應該是非常興奮的吧。

　　Lillian常說，自己25歲時，如果沒有突然心血來潮製作這張表格，也許根本不會正視這件事；既然沒有正視這件事，自然也不會有現在處於半退休的生活，**這張預算表，算是她進入夢想生活的機會卡。**

「財務管理」懶人包

1. 退休計劃說穿了，就是一個存款數字。
2. 每個人想要的生活不一樣，開銷自然不一樣。
3. 協助她做出這項決定的方向，主要有兩大方面：
   第一方面，觀察自己最想要的生活到底是什麼。
   第二方面，評估自己已有的資產，是否能為將來幫上一點忙。
4. Lillian曾一度想把存款數字提高到600萬，但想到500萬會有一點利息錢，再者，自己還有一間台北市住所，如果不小心活太長或物價飛漲太過厲害，就賣大房住小房，身邊照樣可以多出幾百萬過生活。

存款預算表／
目標導向版

　　透過Lillian的例子，Miranda重新回頭面對自己手頭上的兩大問題，分別是買房願望和退休規劃。

　　最後，Miranda考慮到通貨膨脹與日後彈性運用等問題，決定將資產分配到不動產和定期存款兩方面分散風險，而非全部都存在銀行裡，萬一物價上漲太過厲害，東西漲價，房子也會跟著漲，對於未來生活能多一層保障。

　　下定決心後，Miranda暫時放下退休計劃，把所有火力集中在「存到房子頭期款」這件事情上頭。

　　Miranda買屋目標：希望10年後，能買下人生中最重要的房子。經過3個月時間看房後，Miranda發現自己喜歡的屋子價格，大約落在600～850萬元之間。

　　打算一番後，Miranda購屋預算希望壓在700萬以下，700萬頭期款大約需要210萬左右。

　　接下來，Miranda開始進行相當嚴密的存款計劃，預計10年後一定要存到這個數字，在這段時間裡，她也不斷積極看房，好掌握最新房市狀況。以下是Miranda的存款預算表。

Miranda存款預算表／目標導向版

10年 存款預算表	預計存入金額 （萬元）	實際存入金額 （萬元）	累積金額 （萬元）
1	21	15	15
2	21	15	30
3	21	20	50
4	21	15	65
5	21	25	90
6	21	25	115
7	21	25	140
8	21	25	165
9	21	35	200
10	21	35	235
預計每年存下金額	21		
平均每年存下金額	24		
目標總金額	210		
實際達到目標年分	第9年		

Miranda製作這張存款預算表前，先做過以下幾個動作：

1.先將210萬除以10年，等於平均每年需要存下21萬，才有可能在10年後存到210萬。

2.一年需要存下21萬，平均每個月要存入大約17,500元左右，對剛出社會的Miranda來說，這可不是小數目，所以在頭幾年她其實無法存到21萬，頂多只能存下15萬元，直到工作第5年後，每月存款才達到原先目標。

3.雖然存款預算表乖乖跑完10年，但其實Miranda在第9年時，就已經成功買到夢想中的房子，而且還是以600萬的價格購得。能在因緣際會下，以較低價格買到該房，除了屋主急售之外，主要關鍵原因還是出在：Miranda一直有在持續看屋這件事上。

4.除了不辭辛勞持續看屋外，Miranda還必須掌握另外一項更重要的關鍵要素，才有可能提早實現買房願望，那就是——她擁有存款預算表，如果手中沒有那200萬，不管房子多便宜，Miranda都不可能有機會出手買下。

有時候好運的降臨，不是隨機落地，而是落在已經作好準備或者正在準備的人頭上。

　　「存款預算表」存在的價值：持續有計劃地帶我們走向夢想藍圖，比起走在空無一物、毫無任何指示的人生道路上，有時候只需要一張小小的預算表，就能成為生命海中的燈塔、大海中的指南針。

　　制訂「存款預算表」必須精準拿捏好鬆緊：太緊，自己無法到達預期，產生出來的挫敗感很容易讓人放棄；太鬆，太容易達成的目標不是成長目標，而是再次從事我們已經能做到的事。

　　訂定目標，利用「存款預算表」讓目標具體化，不管前幾步路我們走得有多麼坎坷，只要持續往下走下去，遲早有天可以追上進度，說不定還能提前完成心心念念的人生重要願望。

　　實現人生願望就跟煙火一樣；下定決心，是最重要的火花，但在此之後，我們必須在黑暗之中很努力往上飛升，最後才能燦爛整片夜空！

「財務管理」懶人包

> 將資產分配到不動產和定期存款兩方面分散風險，萬一物價上漲太過厲害，東西漲價，房子也會跟著漲，對於未來生活能多一層保障。

存款預算表能讓「目標具體化」

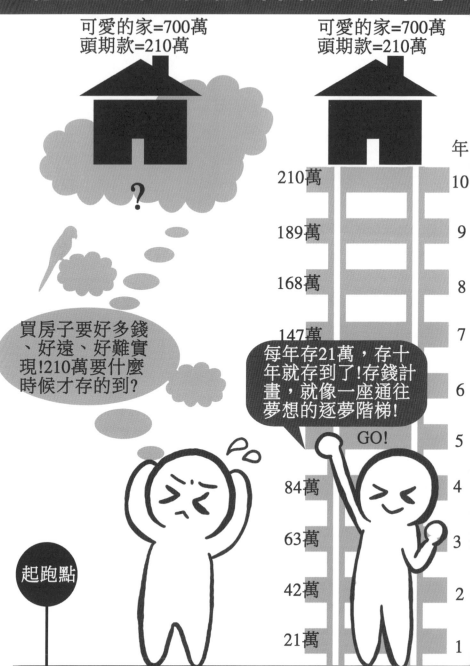

「工作」預算表vs. 「金錢」預算表

　　許多公司行號要求員工在下班前，要寫完隔天的工作計劃表，並上傳到該部門內部網路硬碟後，才能下班。這其實也是預算表的一種，只是「工作計劃表」預算的是隔天一整天的工作量，不是金錢。

　　為什麼某些公司行號對員工提出這樣的要求？目的是什麼？公司期望能達到什麼效果？

　　一般來說，公司要求員工下班前必須做好「工作計劃表」，主要目的有三大項，一一分析如下：

　　第一項：為未來做好準備，如果前一天就弄清楚隔天要做些什麼，翌日上班時，只需要點開前一天的「工作計劃表」，就可以開始工作，根本不需要額外的花時間思考，或者浪費時間在對工作績效無意義的事情上。

對照到「金錢預算表」：當我們一腳踏進大賣場或購物中心時，如果手中拿著一張購物清單，上頭羅列好購物預算，就不需要在大賣場裡到處漫遊，一旦在充滿商品的地方陷入漫遊狀態，最常出現的結局畫面，就是購買過多不需要或之後根本用不到的商品，而且數量還頗為可觀。

　　第二項：工作中時，手邊擺著一張「工作計劃表」，可以幫助我們有效運用時間處理工作，當完成手邊某一項工作後，不需要再花時間想接下來要做些什麼，可以直接進入下一件工作裡。

　　對照到「金錢預算表」：購物時，最怕不知道還有什麼沒有買，於是開始在大賣場到處亂晃，企圖用散步喚醒塵封的記憶，或者是等買完東西回家後，才赫然驚覺居然漏買了最重要的某件東西，而且這樣東西隔天就要使用，結果不得不又馬上殺去購物中心一趟。

　　把想要購買的東西通通羅列下來，有助於我們精準買到所需要的每一項物品，以及當我們手中抓著購物清單上沒有的物品時，能夠停下來想想，自己真的需要手中這項產品嗎？

　　第三項：當工作、會議、通訊出現提早完成的狀況，手邊突然多出二十分鐘時間可以利用時，我們能立刻抓起「工

作計劃表」，挑出裡頭需要二十分鐘處理時間的工作項目，搶先完成，而不是在思考和找尋相符合的工作中，白白浪費掉寶貴的二十分鐘，延遲到下班時間。

對照到「金錢預算表」：現在購物很流行購買滿多少金額，就送××禮品，或者每星期幾購物滿多少，就再送××生活用品。有時候差一百元達到送禮標準，為了一份小禮物，我們就開始失心瘋亂挑商品，只為了湊到滿額。

如果手中有一份「待買清單」，就可以從中挑選我們「真正需要」的商品，而非閉著眼睛挑選「為了湊到滿額」的商品。

現代人購物，大致上可以買出兩種風格。第一種：原本預計只打算花個500元，結果卻被廣告商品、折扣優惠、滿額小禮物誘惑，從預算500元變成600元、800元，甚至破千元。第二種：一塊錢當三塊錢用，明明只花了1,500元，卻能扛回價值超過2,200元的物品！

（第二種購物風格，詳細情形請見下篇「藉由預算，完美個人財務管理」。）

藉由「預算」，完美「個人財務管理」

　　在典馥眉《畢業五年，存到第一桶金》第二單元「搶救荷包大作戰二十一招！」中，第六招：滿2,000送500不夠瞧，自己再追加200元！

　　這就是一個非常棒的例子，看看慧筠如何藉由「預算」，達到完美「個人財務管理」。

　　以下截取該招部分內文，和大家分享。

　　慧筠曾經做過更令人驚奇的一件事，辦信用卡購物滿2,000元送500元，而且一定要直接在帳單內扣掉500元，等於買了2,000元的東西後，只需要付出1,500元便可以，而不是先付出2,000元後，才能得到500元禮卷，接著必須再額外消費一次，才能省下這筆錢。這兩種情況在於一個花1,500元，就有500元，另一個要花2,000元後，才能得到500元。這就是銀行所玩的花招。

在寄來的單子裡，除了滿2,000元送500元之外，還特別提了另外兩項優惠活動：第一個，每星期三消費滿2,000元，直接送一瓶法國洗髮精。第二個，每月13日，凡購物滿2,000元，多加一元，就能購買超值商品。

看到以上這些條件，慧筠腦袋立刻飛轉、精心策劃起來，在分享慧筠的花錢秘招前，我們不妨也自己動手組合看看，要怎麼做，才能讓自己省很大？

慧筠花錢秘招大公開：

第一秘招：平常有些東西能不用先買，就先不買，反而一項項填入「待買清單」裡，等到哪天需要一次消費滿額2,000元時，再一次購買，滿足能獲得抵消500元的資格，否則光購買生活所需用品，有時候根本很難湊足2,000元。

例如：慧筠住家裡的家用電話，因為使用多年，常常會出現沙沙的聲音，按鍵9也不太好按，有時候得按得很用力才能感應的到，但考慮到現在使用家用電話比例很少，大多用手機通電，便把購買家用電話，填入「待購清單」中，屬於「應該買，但並不急於一時」的品項裡。

平常把需要的東西**延後購買有兩大好處，第一點是東西可能會越來越便宜，第二點能夠避免衝動性購物**，只買真正需要的東西，避免造成沒必要的浪費。

第二秘招：湊滿2,000元再出門購買，而且只買自己需要的東西。

第三秘招：反正這趟出去，一定會單筆消費滿2,000元，如果星期幾購買對自己而言，差別不大，那就挑星期三去購買，還能獲得一瓶法國洗髮精。

第四秘招：除了看星期幾以外，也別忘了再花一秒鐘時間，看看最近有無星期三剛好又是13號。

如果有，購買日期就請盡量訂在13號星期三吧，別忘了，挑這天去，還能擁有兩項額外的小禮物。

「花錢能力」超強的慧筠，果然挑在2013年11月13號星期三，前往賣場購買，精打細算的她，還剛好遇上青菜一把9元的大特價。當晚，她買齊了自己需要的東西後，還差8元才能湊滿2,000元，正當她猶豫不知該買些什麼時，視線緩緩飄向青菜區，雖然她已經買了兩把青菜，但並不介意多吃點青菜，於是她立刻再抓起一把青菜。

最後，她把購物車推去結算，結帳金額居然剛好2,001元！？精準達到滿2,000元的門檻。結完帳後，慧筠拿著發票來到服務台，幾分鐘後，滿滿的購物袋裡，又多了一瓶法國洗髮精，接著，她又拿出一元，買到八顆電池。

　　等慧筠回到家結算時，除了價值2,001元的需要商品之外，還多了一瓶法國洗髮精、八顆電池，總價值超過2,200元，而她卻只花了1,500元，買回價值超過2,200元的物品，這就是所謂的「花錢能力」！

　　不是只有努力工作，才能賺到錢、賺到福利跟服務，有時候動動我們聰明的腦袋，也能展現超乎水準的「花錢能力」。**當我們把一塊錢，當成兩塊錢來花時，就等於賺到一塊錢。**

　　只是當我們看到滿2,000元送500元，或是任何「滿多少，送多少」的行銷策略時，要特別小心，看到這些誘人標語時，我們第一反應就是「要買什麼才能湊滿2,000元」？接著，為了達到這個數字，我們會開始亂消費，買了也許根本不用買的東西。

　　如果是先消費滿2,000元，之後500元現金卷才會發放下來的情況，我們肯定又得再胡亂消費一次，買回一大堆自己原本不會買的東西。

　　在以上一來一往之間，我們總共買了兩次比較高額的單筆消費，總共花了1,500元或2,000元，如果是一般狀況，我們進一次賣場，頂多一張小孩不見，現在卻要花掉兩張，而且還買回自己不一定需要的東西。

使用這些銀行、行銷的花招時，只有堅守一點，我們才能有贏面：「只買自己需要的東西」！

如果沒有需要的東西要購買，那就不要為自己「創造消費」，因為這時候花錢買東西，都是為了500元現金卷，而非「生活所需」，外表看起來似乎賺到500元，但其實多貼了許多錢出去。

「財務管理」懶人包

1. 辦信用卡購物滿2,000元送500元，而且一定要直接在帳單內扣掉500元，等於買了2,000元的東西後，只需要付出1,500元便可以，而不是先付出2,000元後，才能得到500元禮卷

2. 平常有些東西能不用先買，就先不要買，反而一項項填入「待買清單」裡，等到哪天需要一次消費滿額2,000元時，再一次購買，滿足能獲得抵消500元的資格。

3. 把需要的東西延後購買有兩大好處，第一點是東西可能會越來越便宜，第二點能夠避免衝動性購物，只買真正需要的東西，避免造成沒必要的浪費。

4. 等慧筠回到家結算時，總價值超過2,200元，而她卻只花了1,500元，買回價值超過2,200元的物品，這就是所謂的「花錢能力」！欲知更多詳情，請見典馥眉《畢業五年，存到第一桶金》。

「預算表」
＝計劃性存款

　　很多人會覺得儲蓄是一件很麻煩、很無聊的事，假設一個月撥出3,000元儲蓄，區區3,000元能起多大的作用？再者，存得一點感覺都沒有就算了，一旦每月花費短少3,000元，許多我們縱容自己小小奢侈一下的物品，都沒有錢可以買了，感覺生活好像會變得相當困苦。

　　於是，很多人成了一般人口中的月光族，每個月奉行先把錢花光再說，人生哲學兩道對聯是「今朝有酒今朝醉，明日愁來明日愁」，橫批「及時行樂」。

　　或許一個月從生活中擠出3000元存下來，不是一件好玩的事，而且帶來的效果也不夠可觀，假設一個月存下3,000元，半年不過也才18,000元，一年不過也才36,000元，何苦為了一年存不到4萬塊的金額，苦了平常的自己？現在，請先讓我們一起來看看下頁表格。

存款預算表／總金額版

金額／時間	一個月 存款	半年 存款	一年 存款	五年 存款	十年 存款
每月固定存3,000元	3,000	18,000	36,000	180,000	360,0
每月固定存4,000元	4,000	24,000	48,000	240,000	480,0
每月固定存5,000元	5,000	30,000	60,000	300,000	600,0
每月固定存8,000元	8,000	48,000	96,000	480,000	960,0
每月固定存一萬元	10,000	60,000	120,000	600,000	1,200,0

　　大家發現到了嗎？每個月固定存下3,000元、4,000元、5,000元、8,000元、一萬元，存錢第一個月可能會覺得相差又不大，就在幾千塊前上下跳動，但是，當我們慢慢把時間拉長來看，就會慢慢瞧出重要端倪。

　　我們假設每個月固定存下3,000元、4,000元、5,000元、8,000元、一萬元，分別為五個人，各自是小甲、小乙、小丙、小丁、小悟。

　　每月固定存下3,000元、4,000元、5,000元、8,000元、一萬元，半年後，小甲、小乙總存款大約在2萬左右上下，小丙存下3萬，小丁存下將近快5萬塊、小悟則已經存下6萬元。小甲和小悟的差距為：4萬2千元。我們接著往下看。

　　每月固定存下3,000元、4,000元、5,000元、8,000元、一萬元，**一年後**，小甲、小乙的總存款大約在4～5萬左右上下，小丙存下6萬，小丁存下將近快10萬塊、小悟則已經存下12萬元，已經可以到歐洲來一趟奢華之旅。

　　根據作家林果所寫的《歐洲不貴》90天只花不到15萬台幣來玩，小悟已經可以到歐洲玩個90天了！？

　　一年後小甲和小悟的差距為：8萬元左右。每月固定存下3,000元、4,000元、5,000元、8,000元、一萬元，五年後，小甲、小乙的總存款大約在20萬左右上下，小丙存下30萬，小丁存下將近快50萬塊、小悟則已經存下60萬元！？

　　五年後小甲和小悟的差距為：40萬元左右。每月固定存下3,000元、4,000元、5,000元、8,000元、一萬元，十年後，小甲、小乙的總存款大約在40~50萬左右上下，小丙存下60萬，小丁存下將近快100萬塊、小悟則已經存下120萬元。**十年後小甲和小悟的差距為：80萬元左右。**

　　現在大家是否覺得每月存3,000元，是一件不值得去做的事嗎？如果我們選擇不存錢過生活，那麼十年後我們跟小甲存款的差距，就會是36萬，與小悟差距更大，足足差了120萬元的存款。

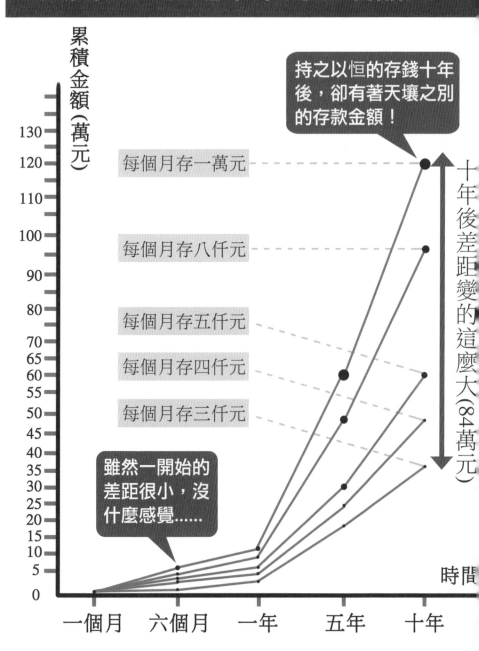

Part 3

給自己來些特殊任務

許多人覺得只要跟錢扯上關係的事，似乎都很辛苦，像是必須努力賺錢、存錢……等等，其實我們跟金錢之間的關係，並不需要這麼累，只要多花點巧思，不僅可以和金錢和平共處，甚至還能從中得到許多樂趣。

我們常「高估」
一年內能做到的事

　　Jason一直希望能夠早點存下結婚基金，先前大家很熱衷買黃金，他也跟風買了不少，期望在一年之內能夠達成「利用投資黃金，順利存下30萬元結婚基金」的願望。

　　結果黃金無預警大跌，讓他投入買黃金的錢，直接縮水一半，令他不得不延遲結婚計劃；現在Jason把所有注意力放在儲蓄上頭，希望能在3年內，順利存到30萬左右的結婚基金。

　　第一年，也就是西元2013年，Jason採取盡量節約的生活方式，每個月薪水進帳後，除非真的需要錢，否則絕不輕易走到提款機前面領錢，他甚至實施「用完身上最後一塊錢，才能領錢」法，珍惜每一塊硬幣，以及每一張被領出來的小孩們。

2013年年底，Jason帶著滿心期待，查看自己今年到底存到了多少錢？當他看著可用餘額上頭的數字時，只覺腦袋彷彿被榔頭狠狠K了一下！他不敢置信上頭的數字，居然只有區區3萬元？！

2014年，Jason痛定思痛，剖析「用完身上最後一塊錢，才能領錢」法到底為什麼行不通？最後，他得出一條結論：這種存錢分法實在有夠「無感」，既然無感，就不可能存得發紅雙眼、越存越起勁兒，這種無法引人入勝的存錢方法，一年下來，存款金額當然不可能令人驚喜到哪去。

擁抱這條熱呼呼剛得出來的結論，Jason苦思許久後，創造了另外一種「年度每月競賽」存錢法，並用於嶄新的一年：2014年。

「年度每月競賽」存錢法規則：看哪個月存下的金額最多，並且每月提領出來，存入另外一個結婚基金戶頭。

「年度每月競賽」存錢法目標：每個月存下的錢，都比前一個月多一點，如下頁「2014年所有儲蓄一覽表」便是他2014年所有儲蓄一覽表。

一年後，Jason驚喜發現自己當年存款金額從原本的3萬塊，直接翻漲3倍多，笑呵呵存下10萬塊！雖然年初定

「2014」年所有儲蓄一覽表

明細	金額
先前總儲蓄	30,000 ★
一月儲蓄	3,000
二月儲蓄	3,000
三月儲蓄	5,000
四月儲蓄	3,000
五月儲蓄	2,000
六月儲蓄	3,000
七月儲蓄	4,000
八月儲蓄	6,000
九月儲蓄	3,000
十月儲蓄	5,000
十一月儲蓄	6,000
十二月儲蓄	3,000
獎金儲蓄	6,000
紅包儲蓄	2,000
三節獎金儲蓄	12,000
專案獎金儲蓄	36,000
當年總儲蓄金額	102,000 ★
歷年總儲蓄金額	132,000

下「每個月存下的錢，都比前一個月多一點」的目標，但
Jason發現人生有太多意外，有時候憑空飄來一張紅色炸
彈，就足以讓他當月破功，不過，這個目標雖然沒有達成，
但存款數字的確大大增加了。

　　Jason仔細分析自己2013年與2014年，為何會出現這麼
大的落差？歸因出以下幾條用血和淚換來的結論：

　　用血和淚換來的結論第一條：存錢要「有感」！無感存
錢法讓人意志消沉，唯有當手中握有一張每月存下多少錢的
表格，才能讓自己堂堂邁入「有感存錢」的殿堂之中。

　　用血和淚換來的結論第二條：「存錢進度」要明確。先
前每月存下的錢，沒有另外存入其他戶頭，有時候下個月甚
至會超領前一個月用剩的錢，老是不清楚這個月到底有沒有
存下錢，無法有效監督自己的「存錢進度」，當然就會沒有
進度。

　　用血和淚換來的結論第三條：存下的錢，要「另外
放」。每個月都要讓自己歸零再開始，把每月要存下的錢另
外放，並確實做好填寫表格的工作，一旦進入狀況，就會開
始想方設法、拼命想超越前一個月的存錢數字，如果有幸能
走到這一步，當年存款肯定能扶搖直上。

預算，是夢想
具體化的第一步

　　已退休的陳老師，在退休前，曾經規定自己沒有理由的每月存下1萬塊錢，以及有目地的每月存下5,000塊錢，好讓自己能夠實現一年出國兩次的夢想；直到多年後，陳老師才驚覺每年存下的1萬塊，竟在日後拯救了未來的自己。

　　我們先從陳老師希望一年出國兩次的夢想聊起。

　　陳老師在評估過後，發現一年出國兩次所需費用大約在6萬元左右，於是便利用以下幾個簡單的小步驟，幫助自己輕鬆達成願望。

　　步驟一：先調查「所需費用。」
　　陳老師打算先從東南亞國家開始玩起，預計每次出國費用大約在3萬元左右，兩次大約是6萬元。先抓出全部費用，這就是我們「存款預算表」的目標數字，接下來的每一

個步驟，都將緊扣住這個數字來做「預算安排」。

「預算安排」金額：6萬元。

步驟二：打算在「多久時間」之內，存到這筆款項。

陳老師希望每年出國兩次，總花費為6萬元，也就是說這筆錢必須在一年內存到。「預算安排」時間：一年內。

步驟三：把預算金額與時間「具體化」。有了時間跟金額目標，接下來請直接把大目標拆解成12個小目標，一年存6萬，等於一個月需要存下5,000元。

「預算安排」行為：每個月存下5,000元。

利用以上「預算安排歷程」，陳老師幾乎每年都能順利出國遊歷，甚至在她實施每年旅行兩次計劃後5年，開始瘋迷到歐洲遊玩，旅行預算從一年6萬，增加為一年15萬，陳老師也能輕鬆掌握。

以下是陳老師後來的「**旅行預算表**」：

步驟一：先調查所需費用。

「預算安排」金額：*15萬元。*

步驟二：打算在多久時間之內，存到這筆款項。

「預算安排」時間：**一年內。**

步驟三：把預算金額與時間「具體化」。
「預算安排」行為：每個月存下**12,500**元。

預計達成目標日期：每年年底，就把下一年的旅行
基金存起來。

接著，陳老師利用「預算表」的概念，計算出自己這輩
子可以造訪的國家，大約會有多少。以一年兩個國家來計
算，從30歲到60歲30年間，總共可以參訪60個國家！

陳老師開始思考「60個國家」和「自身體力」的分配問
題，從全球數百個國家中，挑選出自己此生最想造訪的60
個國家，並依賴自定以下三大原則，作為出國順序的安排。

原則一：「遠的國家」先去，畢竟坐十幾個小時飛機可
不是一件輕鬆的事。

原則二：國家治安現在雖然「安定」，但未來無法預期
者先去。

原則三：最近該國「幣別大跌」的國家先去，可以順勢
省下一筆錢。

依上述原則，陳老師在多年前就已經到過許多目前動亂
不安的國家，避免因國家政治不穩定而無法去旅行的遺憾。

　　從陳老師的例子裡，我們可以看到如果陳老師未曾為「旅行預算」費過心，可能無法順利完成自己的夢想；如果不知道這輩子大約可以到幾個國家旅行，也就不會抓出那60個國家；沒有抓出想去的60個國家，自然無法依照上述三大原則做排序。

　　預算，是夢想具體化的第一步！當我們把抽象的夢想，製作成一張預算表格時，才能知道自己和夢想之間的距離有多少。

「財務管理」懶人包

1. 先抓出全部費用，這就是我們「存款預算表」的目標數字，接下來的每一個步驟，都將緊扣住這個數字來做「預算安排」。

2. 陳老師開始思考「60個國家」和「自身體力」的分配問題。原則一：遠的國家先去。原則二：國家治安現在雖然安定，但未來無法預期者先去。原則三：最近該國幣別大跌的國家先去。

3. 預算，是夢想具體化的第一步！當我們把抽象的夢想，製作成一張預算表格時，才能知道自己和夢想之間的距離有多少。

我們常「低估」十年內能做到的事

上篇文章「預算，是夢想具體化的第一步」中，我們曾提過陳老師每月會固定存下一萬塊，到另外一個戶頭，而且從來不去碰這個戶頭。

為什麼要這麼做呢？根據陳老師的說法：她想看看自己這個小習慣，可以累積到什麼程度，或是累積到些什麼？

彷彿一切冥冥之中都註定好了似的，陳老師殊不知年輕時的這個習慣，即將成為自己老年生活是否過得開心愉快的重要關鍵。

陳老師從20幾歲開始教書，直到60多歲退休，每月固定存下1萬塊的習慣，從30歲到60歲之間實行，後來戶頭裡總共有三百六十萬元左右。

剛開始，陳老師只是抱著好玩的心情存存看，在第一個十年，她發現每月不起眼的1萬塊，居然可以變成可觀的一百二十萬？！是每月存1萬塊，一年、五年、十年所累積起來的存款金額。於是，陳老師開始思考這件事。

金額/時間	一個月存款	半年存款	一年存款	五年存款	十年存款
每月固定存5,000元	5,000	30,000	60,000	300,000	600,000
每月固定存一萬元	10,000	60,000	120,000	600,000	1,200,000

因為平常生活沒有太多慾望，陳老師每月實際開銷其實很省，每月存下1萬塊對她而言，並不會造成太大的負擔；每月陳老師的薪水一進帳，就會分別拿去支付房屋貸款、存入旅遊基金戶頭，以及存下這1萬塊，其餘的錢總會在不知不覺中通通花掉。

於是，陳老師就這樣默默存了三百六十萬。她從未想過，這筆錢對未來的自己來說有多麼重要。在陳老師65歲那一年，因為家裡發生某些緣故，急切需要一千多萬元，這場臨時事故，徹底打毀她原本迎刃有餘的退休生活。

為了幫忙家裡，陳老師賣掉原本居住的房子，籌得一千多萬給家裡，自己從台北市搬到台南市居住，同時買下一間舒適小窩。當時買小套房的錢，正是先前存下的三百六十萬元。

有目的的存錢，最容易存到錢，例如：旅行基金；沒有目的的存錢，最有可能在關鍵時刻發揮極大的效用，例如：後來買下舒適小窩的錢。

陳老師後來常說，如果當初沒有習慣性、每月固定存入那1萬塊，肯定在不知不覺中花個精光；對於年輕時的自己，每月有沒有那1萬塊的花費，對生活品質影響很小，但對於後來的自己卻有著至關重大的影響。

人生中，永遠充滿許多令人措手不及的意外，在身邊多存下一點錢以備不時之需，往往可以幫未來的自己一個很大的忙。

如果覺得沒有目標的存錢方式太容易失焦，那就請以「20年後買一間小套房」、「30年後要去環遊世界」作為聚財目標吧！

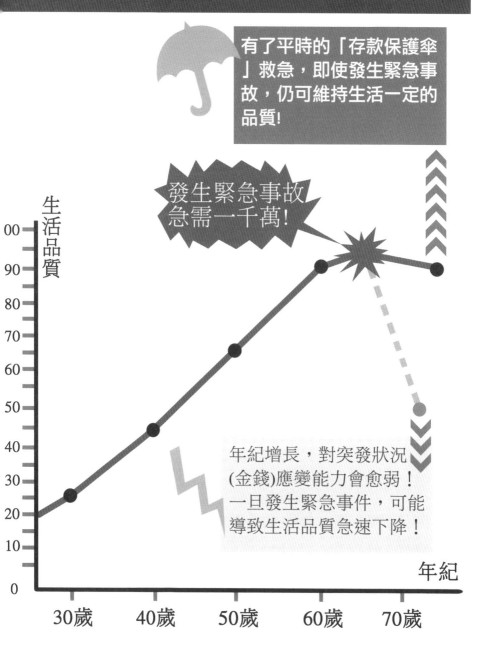

存錢是一場場任務遊戲

許多人覺得只要跟錢扯上關係的事，似乎都很辛苦，像是必須努力賺錢、存錢⋯⋯等等。

其實我們跟金錢之間的關係，並不需要這麼累，只要多花點巧思，不僅可以和金錢和平共處，甚至還能從中得到許多樂趣。

身邊有些朋友們，雖然薪水只有22K、25K，或30K，卻往往比40K、50K的人還要更早存到頭期款，順利買房，甚至提早過起從容開心的退休生活。

從這些精明幹練的朋友們身上，可以看到「賺多少錢」和「存多少錢」之間，並沒有一定的關係，有時候甚至還會出現「負相關」：畢業後薪水直達70K的人，工作5年後，買房的頭期款並非自己的存款，而是由家裡幫忙出資。

　　在「賺多少錢」和「存多少錢」之間，存在著一種很微妙的現象，通常賺越多錢的人，越容易因為錢的問題不開心；賺越少錢的人，也容易因為錢的問題不開心；只有一種人很容易在金錢這項人生課題上，得到滿足跟快樂。

　　容易在金錢上得到滿足跟快樂的人，年收入通常介於賺很多和賺很少的人之間，也就是生活用度與收入幾乎打平的族群。

　　經過幾次訪談後，發現金錢帶給人快樂的原因，不在多寡，而是我們運用金錢時，能掌握多大的「自由度」與「選擇性」。

　　先前聊到能用錢用得很開心的人，大多是「生活用度」與「收入」幾乎打平的族群；相對而言，這類族群比較容易面臨「如果不好好多花點心思用錢，可能很快就會陷入沒錢可花」的窘境，所以平常總會特別留心「怎麼做可以更省」的方法。

　　一旦腦子裡冒出「怎麼做可以更省」的問號，大腦機制就會開始思考這件事，從留心身邊狀況、注意節約細節、珍惜使用口袋裡的每一塊錢、善用各項資訊達到節約目的……到真正付出行動，最後因為自己的努力而存下一大筆錢。

腦子冒出「怎麼做可以更省」後的快樂歷程：

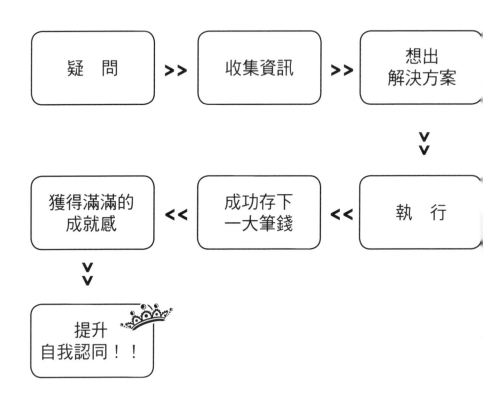

　　接下來，讓我們一起來試試看，把存錢看成一場場遊戲和任務的Chelsea，如何運用「預算遊戲」，將自己的荷包裝得滿滿滿。

「財務管理」懶人包

1. 其實我們跟金錢之間的關係，並不需要這麼累，只要多花點巧思，不僅可以和金錢和平共處，甚至還能從中得到許多樂趣。

2. 「賺多少錢」和「存多少錢」之間，並沒有一定的關係，有時候甚至還會出現「負相關」。

3. 金錢帶給人快樂的原因，不在多寡，而是我們運用金錢時，能掌握多大的「自由度」與「選擇性」！

學生時代任務：
一周只花五百元

　　Chelsea很熱衷於金錢遊戲，不過，她熱衷的方向不是投機，也不是買空賣空，而是喜歡觀察「生活」跟「金錢」之間的關係。

　　念大學時，Chelsea為了省錢，曾經創下一天花不到50元的紀錄。大學生涯中，除了學費跟每月房租之外，生活中其實並沒有太多必要的花費，最花錢的開銷大概只有吃飯錢。那時候她已經開始對生活開銷產生好奇，好奇一個禮拜的吃飯錢，究竟可以多省？

　　Chelsea先估算平常一個禮拜飯錢，大約需要150×7＝1,050元。

　　她給自己設定一個目標，看看是否可以用500元過一個禮拜？

學生時代任務

目標：用500元過一個禮拜。

預算：500元。

吃飯開銷天數：7天。

Chelsea先拿500元除以7天，發現一天只能花不到72塊，光是中午一個便當錢可能就不只這個數。於是，Chelsea決定轉換思考。

既然「500元除以7天」行不通，那麼就把它變成「500元除以7天的食物」吧！以此作為目標，Chelsea手裡抓著500元，直奔學校附近的大賣場，此刻她心裡的打算是：購買一星期份量的食物。

在大賣場裡晃了足足三個鐘頭，Chelsea挑出精打細算的幾項產品，一長條土司、自己最愛的草莓果醬、一包150顆裝的水餃、兩包五包裝的泡麵（袋裝）、一盒蛋、每天固定到學校附近黃昏市場買一把青菜70元（一把10元），所有費用加總起來不到500元。

食材預算表：

早餐：一長條土司＋自己最愛的草莓果醬

午餐：20顆水餃。

晚餐：泡麵＋蛋＋青菜。

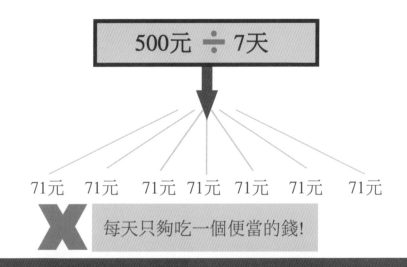

500元 ÷ 7天

71元　71元　71元　71元　71元　71元　71元

X 每天只夠吃一個便當的錢！

轉換「7天 生活費500元」思考模式

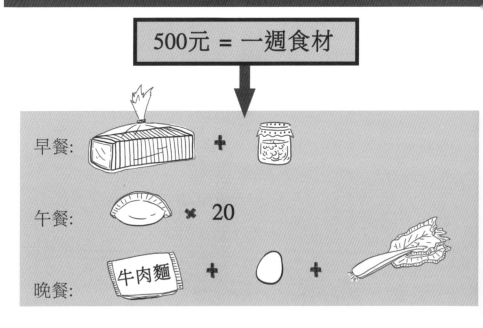

500元 = 一週食材

早餐：

午餐：✖ 20

晚餐：牛肉麵 ＋ ＋

○ 每天吃飽飽，還能變換口味！

一週後，Chelsea再買其他食物混搭著吃，像是冬粉加肉醬、義大利麵加蕃茄醬……等等。

因為有些食物當週吃不完，例如：一盒10顆的蛋、10包泡麵，Chelsea月底結算時，發現平均每星期大約只需要花費350元，平均一天約花50元。

後來，Chelsea迷上潛水艇堡，在外面吃平均一個絕對超過50元以上，她發現自己動手做，平均一個居然只需要20～30元左右。

對Chelsea來說，自己跟金錢的關係，不單單只是「把錢賺進來」跟「把錢花掉」這麼簡單，其中還包括了一場場趣味競賽，她很好奇，如果自己願意多花點心思，如何在維持一定的生活品質下，輕鬆自信存下大把大把的錢。

Chelsea大學畢業進入職場後，對於自己跟金錢之間的遊戲，依然玩得相當樂此不疲，以下幾篇文章，是她即將與大家分享利用「預算表」、精準掌握用錢尺度的個人競賽遊戲。

任務1：
一天只花一百元

Chelsea大學畢業進入職場，擁抱一份「錢少、事多、離家近」的工作，誠如上面描述，這份工作最大的好處是離家近，交通費全省，每天出門的交通工具有兩種。

第一種是11號公車，走25分鐘就可以到公司，第二種是騎10幾分鐘的腳踏車，也可以抵達公司，利用「人力消耗」換取「節約金錢」。

剛出社會薪水不多，卻處處需要用錢，例如：存房子頭期款、自我充電、到世界各國旅行增廣見聞……等等。為了積極有效存錢，但是又不想苦哈哈省錢，於是Chelsea再次搬出大學時代的方法，如法泡製。

首先，Chelsea先觀察每日消費行為，發現光是吃吃喝喝，一整天的消費如下「吃吃喝喝小統計表格」。

每日吃吃喝喝小統計

每日吃吃喝喝明細表	大概項目	平均金額
早餐	奶茶	20
	烤雞排蛋	35
午餐	便當	80
	飲料	35
回家前到便利商店買小點心	小點心	50
晚餐	小吃一份	50
每日吃吃喝喝總計		270

　　Chelsea先前只隱約覺得每日花在吃喝上的費用，似乎不少，沒想到經過一星期的統計後，赫然發現平均一日的吃吃喝喝總計，居然高達270元？！

　　把這個數字乘以30天，會發現一個月有將近8,000元的薪水，花在每日吃吃喝喝上，這已經是她1/3的薪水。最恐怖的是這8,000元還不包括跟朋友們出去的聚餐，也不包括假日採買的零食，以及團購的各種小吃。

　　Chelsea猛然驚覺「每日吃吃喝喝」開銷，正鯨吞蠶食她辛苦賺來的每一塊錢，於是，她決定重操舊業，為自己製作出一張「每日吃喝預算表」，期望有效控制不知不覺中灑出去的金錢。

經過一番思考後，Chelsea狠下心，以壯士斷腕的決心，一邊咬著筆桿，一邊填寫下張「每日吃喝預算表」，並在一開始就把「每日吃吃喝喝總計」旁邊的欄位，大咧咧寫上100元。

率先寫上「預算總計」100元，再反推回各項花費，目地在於：把標準定得高一點，利用「思考力」聰明將錢存下來！如果把預算總計定在200元，相對而言比較沒有挑戰性，對於成效影響也不大，一旦腦中冒出「每天只為了省下區區70塊，搞得自己很累，何必呢」的想法，人就會變得很容易半途而廢。

Chelsea設定好目標，並利用「預算表」功能，預估自己之後每個月可以多存下多少錢，「預估預算表」如下：

預估預算表

預估預算表	金額
先前每日吃吃喝喝總計	270
目標每日吃吃喝喝總計	100
目標達成，一個月可以多存下？	5,100（170元×30天）相當於當時1／5薪水

當「預估預算表」簡單算出每月能帶來的超棒效果時，Chelsea當場刷亮雙眼，暗暗發誓，不管前景有多麼艱難，她一定要完成「一天吃吃喝喝用100元搞定」的目標。

有了能藉此「多存下相當於當時1／5薪水」的錢為誘因，Chelsea是否能擬定可辦到的作戰計劃，並且確實實行，最後成功達到目標，請見下篇《多存下1／5薪水執行手冊大公開》。

「財務管理」懶人包

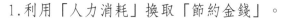

1. 利用「人力消耗」換取「節約金錢」。
2. 平均一日的吃吃喝喝總計，居然高達270元？！乘以30天後，發現每月竟有1／3薪水，也就是將近8,000元的錢花在每日吃吃喝喝上。
3. 填寫「每日吃喝預算表」，並在一開始就把「每日吃吃喝喝總計」旁邊的欄位，大咧咧寫上100元，再反推回各項花費，目地在於：把標準定得高一點，利用「思考力」聰明將錢存下來！
4. 設定好目標，並利用「預估預算表」的功能，預估自己之後每個月可以多存下多少錢。

存錢兩大捷徑：
開源VS.節流

　　受到「每月能多存下1/5薪水」的誘惑，Chelsea開始擬定作戰計劃，執行的第一步，她必須先回過頭去看先前花費，以它為基礎，經過自己的巧思，再設計出一份以「不影響生活品質」的大前提，又能確實存下更多錢的「每日吃喝預算表」。經過設計與確實實施後，「每日吃喝預算表」狀況如下頁表格。

　　經過半年多的實行過後，Chelsea發現想要增加存款的方法有很多，期待老闆加薪或多兼一份工作都是不錯的辦法，但期待老闆加薪常常淪落成一個虛無縹緲的願望，而多兼一份工作則必須額外付出勞力跟腦力。

　　Chelsea統合半年多以來的心得，發現「與其幫其他老闆工作，不如幫自己工作」！

每日吃喝預算表

每日吃吃喝喝明細表	大概項目	平均金額（元）	如何調整	後來平均花費（元）
早餐	奶茶	20	買茶包，代替飲料。	3
	烤雞排蛋	35	自己動手做三明治。	12
午餐	便當	80	如法炮製大學餐點，自己帶便當。	50
	飲料	35	繼續喝早上的茶。	0
可家前到便利商店買小點心	小點心	50	不再亂買高熱量小零嘴。	0
晚餐	小吃一份	50	自己做簡單的消夜吃，例如：冬粉貢丸。	35
每日吃吃喝喝總計		270	每日吃吃喝喝「目標總計」	100

　　跑去多兼差一份工作，不管是8個假日班，還是每天下班後再衝一份工作，一個月的薪水大約也在5,000元上下移動，例如：假日班的兼差工作，每個月有8個假日，其中3天休息，實做5個假日班，日薪約在1,000元上下，每月收入約在5,000元左右。

　　每月多存下5,000元的方法有很多，但不脫離兩個大方向，一是開源，二是節流，對Chelsea來說，後者比前者來得更容易、更自由、更開心。

方法一：多兼職一份工作，為他人工作。

優點：無須更動原先生活開銷。

缺點：必須額外多花體力工作，有時候超時工作還會毀損健康。

方法二：製作一張「每日吃喝預算表」，為自己工作，同時存下錢也幫自己儲蓄下健康。

優點：自由安排時間購物，專心設計好吃又省錢的菜單，為自己工作不需要看其他人的臉色，只要自己滿意就好，相對來說比較能夠隨心所欲。

缺點：必須更動原先每日的吃喝開銷，但如果可以吃得更省、更健康，有何不可呢？

「財務管理」懶人包

1. 每月多存下5000元的方法有很多，但不脫離兩個大方向，一是開源，二是節流，對Chelsea來說，後者比前者來得更容易、更自由、更開心。
2. Chelsea統合半年多以來的心得，發現「與其幫其他老闆工作，不如幫自己工作」！
3. 製作一張「每日吃喝預算表」，為自己工作，同時存下錢也幫自己儲蓄下健康。
4. 選擇「節流」方法的最強優勢：自由安排時間購物，專心設計好吃又省錢的菜單，為自己工作不需要看其他人的臉色，只要自己滿意就好，相對來說比較能夠隨心所欲。

多存下1/5薪水 執行手冊大公開

　　Chelsea無須多來一份兼職工作，也可以每月多存下5,000元，選擇「節流」以達到存下更多錢目標的她，所用的方法順序如下：

多存下1/5薪水執行手冊大公開

步驟一：把存錢兩大捷徑——「開源vs.節流」攤在面前，優先選擇要選擇哪一個作為存錢主要方向。

結　　果：Chelsea選擇節流。

步驟二：填寫「每日吃喝預算表」，大刀闊斧定下「每日吃喝喝目標總計」，讓預算表成為我們輕鬆存下錢的第一步，往往也是最重要的一步！

這個步驟的重點在於「目標數字」，這個數字必須精準拿捏在「比自己能力所及再更多一點」以及「能達到每月『有感存款』」之間。

如果數字定得不夠好，就會造成「搞什麼嘛，我根本不可能每天只花××元」或者是「每月只能多存下×××元，結果平常卻要時時注意，感覺自己好虧」兩種情況，只要心頭冒出以上兩種想法，往往就會功虧一潰。

↓

結　果：Chelsea在明知道現在每日花在飲食上頭的開銷大約落在270元左右，卻仍毅然決然定下以後每日只能花費100元的目標。

步驟三：手拿著「每日吃喝預算表」，開始動腦筋填寫「如何調整」的欄位。

請在這裡盡情發揮想像力，以及蒐尋可以替代、並且對健康有益的食物。設計案子需要創造力，廣告文案也需要創造力，其實我們的生活也需要大量的個人創造力。直接購買已經做好的食物固然方便，卻會失去一定程度的生活樂趣。

在這張表格中，步驟二最需要「判斷力」，步驟三最需要的是「創造力」！

↓

結　果：Chelsea一一審視每一項花費的必要性，去掉對健康跟身體無益的食物，針對不可省略的食物逐一做改良，例如：自己動手做早餐跟午餐，不僅可以省下錢，更可以存下健康。

步驟四：填寫「每日吃喝預算表」中的「後來平均花費」，在填寫之前，建議可以先上網搜尋價目，或乾脆跑一趟賣場，一邊訂下可執行的金額，還可以順便把東西買回家，一次完成兩件事。

↓

結　果：Chelsea填寫「後來平均花費」預算表的地點，正是在可以當場比價的賣場中執行，不但能確保預算確實被執行，還順便啟動這張「每日吃喝預算表」，邁開進入每天花100元的任務挑戰中。

步驟五：必須不斷尋找是否有更便宜、品質更優良的食物，同時也要適度調整「後來平均花費」裡的數字，讓每一筆花費都能花在刀口上，不僅花得精準，還要照顧到自己的健康。

這部分其實跟經營餐廳很像，要持續更新菜單、不斷發現更優質食材，才能降低成本，同時又達到端出來的餐飲夠迷人兩大要點。

↓

結　果：Chelsea平均每個禮拜都會更新一次菜單，例如：某一個星期，每天早餐都吃吐司，下個禮拜就會換成饅頭；每天午餐都吃咖哩，下個禮拜就會變成各種口味的義大利麵。

當我們把存錢看成一場場遊戲或任務時，就會開始樂在其中，尤其在設定完「每天只花100元」的目標後，Chelsea接下來宛如化身成為遊戲破關者，讓腦子運轉起來，思考各種策略好擊敗魔王，順利達成目標。

接下來，Chelsea打算挑戰更難的任務，請見下篇《任務2：每月多存下一萬元》。

「財務管理」懶人包

1. 步驟一：把存錢兩大捷徑「開源vs.節流」攤在面前，優先選擇要選擇哪一個作為存錢主要方向。

2. 步驟二：填寫「每日吃喝預算表」，定下「每日吃吃喝喝目標總計」！這個步驟的重點在於「目標數字」，這個數字必須精準拿捏在「比自己能力所及再更多一點」以及「能達到每月『有感存款』」之間。

3. 步驟三：動腦筋填寫「如何調整」的欄位。請在這裡盡情發揮想像力，以及蒐尋可以替代、並且對健康有益的食物。

4. 步驟四：填寫「後來平均花費」，建議可以乾脆跑一趟賣場，一邊訂下可執行的金額，還可以順便把東西買回家，一次完成兩件事。

5. 步驟五：必須不斷尋找是否有更便宜、品質更優良的食物，同時也要適度調整「後來平均花費」裡的數字。

任務2：
每月多存下一萬元

　　Chelsea達成「每日吃吃喝喝只花100元」的目標後，決定往下挑戰「每月多存下一萬元」的大目標。Chelsea先前已經調整平常三餐的開銷，輕鬆省下5,000元左右，等於她只需在其他方面，再多少省下5,000元，就可以輕鬆達成目標。

　　在確認好目標之前，Chelsea最先做的事，就是觀察目前每月開銷到底需要多少錢？並以此為基礎，經過一番思考後，才能定下「每月多存下一萬元」這個數字。

　　不過，在定下目標後，Chelsea曾一度很擔心自己做不到，目標實行到最後會令自己失望；除了吃吃喝喝花費比較多以外，她自認平常開銷並沒有花費太多，現在又要再擠出5,000元存下，想要在原本就不算太胖的支出表上，再次進行瘦身，有可能嗎？

每月多存下「10,000」元預算表

每月大概支出	平均金額（元）	如何調整	後來平均花費（元
每月三餐費用	8,000	利用「預算表」，成功達成每日只花100元目標。	3,0C
水費	300	洗澡改為淋浴，留心可以省水的小撇步。	15
電費	1,500	請見內文「省電小秘笈」。	1,0C
手機費	1,300	每個半年就留意一次，是否有更優惠的方案出現，並隨時更換成對自己有利的方案。	5C
室內通訊	200	鮮少只用的服務，一個月平均打不到一次。處理方式：直接停掉。	
網路費	1,000	後來都使用手機上網，處理方式：直接停掉。	
保險費	2,000	請保險人員碰面詳談，刪除已不適用於自己的保單。	1,5C
瓦斯費	300	因為增加烹調機會，開銷多了一些，卻能在三餐花費上大大省下5000元，相當划算！	4C
交通費	0	原本就不需要任何費用。	
聚會大餐	2,000	請見「聚會小秘笈」。	1,0C
娛樂費(唱歌)	1,500	請見「娛樂小秘笈」。	5C
治裝、鞋費	1,000	愛美是女人的天性，Chelsea無法割捨掉這一塊支出。	10C
雜用(沐浴用品、保養品費用)	500	理由同上。	5C
零用金(勞健保)	1,000	依照政府規定。	1,0C
總計	20,600	「目標總計」	10,55
		能多存下？	10,050★達到多存1萬塊的標！！

　　上頁表格是Chelsea原本每月原本開銷、調整方法、後來每月開銷，以及是否有達成目標。經過3個月慢慢調整之後，Chelsea終於在第4個月，達成「預計每月多存下1萬元」的目標！

　　Chelsea常說：「只要訂出目標數字、動點腦筋思考節約的可能性、再把細項的數字一一填上，常常有意想不到的驚喜會發生。」

　　「目標數字」是努力的大方向，也許我們不知道該如何走到終點，但只要目標明確，套句電影「侏羅紀公園」的經典台詞：生命自會找到出路；相同的，只要定下目標，我們會自己找到達成目標的方法。

　　不過，在此有一個大前提：目標一定要非常「具體」才行。有關該如何訂下目標細節，請見馥眉著作《省小錢，輕鬆存下100萬》，內有詳細介紹，在此不再贅述。

　　接下來，讓我們一起來剖析Chelsea支出再瘦身的祕密武器吧！請見下篇《執行任務目的：從遊戲中，發現省錢祕技》。

目標：每月多存一萬元

希望達到目標，卻不知從何做起？

路在哪裡?

傷腦筋

訂出目標數字、動腦思考節約方法、把細項數字填上，常有意想不到的驚喜發生!

支出預算表

平均金額	如何調整	目標金額

YA 達到目標了

還在為不需要的服務付帳嗎？

在「每月多存下10,000元預算表」裡，除了先前在「每日只花100元」中省下的5,000元，我們可以看見其他省很大的項目，包括：電費、手機費、網路費、聚會大餐，以及娛樂費。

三餐費用中，Chelsea從原先8,000元左右，降為每月只需花3,000元左右，後來花費只佔原本花費的1／3左右！存下的5,000元並非憑空得來，而是她善用巧思，再花點時間跟精神「自己煮食」，所得到的獎賞。

「自己煮，最省」這點，不管是在台灣或國外都是一樣的情況，曾有朋友出國用餐預算金額一樣，一個天天吃麵包，吃到後來看到麵包就想吐，另一個天天吃大餐，偶爾吃到一根剛出爐的法國麵包還讚嘆不已。

以上這兩位朋友，明明用餐預算金額一樣，為什麼會有如此天差地別的不同？關鍵原因就在：前者天天出外購買已經做好的食物，後者也天天出外購買，不過她是到市場或大賣場購買，然後回家自己煮，而非購買已經煮好的外食。

　　現在，我們先把讓Chelsea省很大的項目挑出來看，包括：網路費、聚會大餐，以及娛樂費。

　　拜現在行動上網科技所賜，手機本身就是一台迷你型筆電，我們幾乎可以用它處理許多公事跟私事，其中包含信件往返、聚會相約、與人連絡、及時瀏覽各式各樣的最新資訊……等等，相當方便。

　　Chelsea發現下班回家後，其實用筆電上網的時數非常少，有時候根本連開機都沒有，於是她停掉電腦網路，試試看3個月沒有電腦網路，對生活是否會產生不好的影響？

　　3個月後，Chelsea發現根本沒什麼影響，一邊感嘆先前多繳了好幾萬塊的網路費用，一邊積極尋找有無「自己根本就沒在使用的服務」，接著她陸續停掉室內電話，以及削減不需要的保費支出，詳細情況如下頁表格。

前後金額相差較大項目

每月大概支出	平均金額（元）	前後相差金額	後來平均花費（元）
電費	1,500	500	1,000
手機費	1,300	800	500
室內通訊	200	200	0
網路費	1,000	1,000★	0
聚會大餐	2,000	1,000★	1,000
娛樂費(唱歌)	1,500	1,000★	500

「財務管理」懶人包

1. 後來的三餐花費，只佔原本花費的1/3左右，存下的5,000元並非憑空得來，而是她善用巧思，再花點時間跟精神「自己煮食」，所得到的獎賞。

2. 拜現在便利的行動上網科技所賜，手機本身就是一台迷你型筆電，我們幾乎可以用它處理許多公事跟私事，家用網路使用頻率與是否繼續使用，是值得好好思考的一件事。

3. 積極尋找有無「自己根本就沒在使用的服務」，接著Chelsea陸續停掉室內電話，以及削減不需要的保費支出。

從遊戲中，發現省錢祕技

　　Chelsea進行「支出瘦身」過程中，驚喜發現以下省錢祕技，在這裡和大家分享。

　　「省電小秘笈」：

　　秘笈1：夏天吹冷氣，溫度請定在26~28度之間最省電，並且搭配電風扇一起使用會更涼；在冷氣關掉後，記得讓電風扇持續轉動，可以延長室內的冰涼溫度。

　　秘笈2：晚上睡覺前，請把所有沒有使用的插頭通通拔起，隔天早晨出門上班前，再順手拔掉剩餘的插頭，有效杜絕待用電力的消耗，為荷包省下更多不必要支出的費用。

　　秘笈3：購買新家電產品時，請注意是否為省電產品？通常省電產品與非省電產品消耗的電量，差距相當驚人。這點可以在購買產品時，詢問相關人員，仔細做過比較後再購買。

秘笈4：烈日高照的休假日，如果沒有其他事要辦，建議可以窩進冷氣超強的圖書館，不但可以在舒適的環境下進行自我學習，還能省下大筆的冷氣開銷費用。

「聚會小秘笈」：

秘笈1：不重要的聚會，就不要參加，尤其是純粹社交、卻對自己將來沒有太大幫助的聚會。

秘笈2：聚會大餐自己煮，每人帶一道菜去朋友家聚會，將會有更多的趣味和意想不到的交流。

秘笈3：挑選有打折的餐廳去吃，例如：幾人同行一人免費、當月壽星出現就打八折、使用某張信用卡刷卡就打折……等等優惠。善用店家行銷策略，幫大家省荷包。

秘笈4：和朋友們一起到剛開幕、正在做特惠活動的餐廳，好好享用一頓超優質的美味大餐吧。

「娛樂小秘笈」：

秘笈1：挑選消費最便宜的時段跟分店，前往聚會同樂。

秘笈2：如果在店內點東西吃喝費用較貴，建議可以先到附近店家購買食物帶進去吃，另外像是酒類最好少點，一

樣一瓶啤酒，從外頭購買帶進去喝，往往可以省下不少錢。

秘笈3：如果時間允許，請避開黃金時段從事娛樂活動，先在外頭吃飯聊天，等價格降下來後，再進店消費更划算。

秘笈4：朋友們之間輪流準備娛樂活動，例如：愛聽音樂的朋友準備一場古典樂劇會、客廳沙發電影院，或是來場居家KTV都是好玩又省錢的娛樂活動，有時候甚至可以更加了解朋友們的喜好。

人每天睜開眼睛，就無時無刻不在花錢；其實只要多留點心，我們可以更加精明的把錢花在刀口上。

我們常為「根本沒在使用」、「鮮少使用」，或者「越來越少使用」的服務付費，定期檢查這些固定支出的費用，往往能幫自己省下一大筆錢喔！

「財務管理」懶人包

人每天睜開眼睛，就無時無刻不在花錢；其實只要多留點心，我們可以更加精明的把錢花在刀口上。

Part 4

開始拿錢賺錢吧！！

　　我們常把錢丟入投資項目裡，卻常常忘了也需要把時間，投注一些到投資項目的相關領域裡；只有當我們付出時間跟金錢，身邊每一件重視的事情才有可能變得又順又好。

真的把時間變成金錢?!

　　朋友Molly是個非常懂得善用時間的人,不過,她以前可不是這樣。大學時代的她有點迷糊,常翹課,總說時間好少,事情好多,不管是功課、戀愛、社團,還是打工,每一樣永遠都無法好好享受其中。

　　有時候大家聚會到一半,Molly會突然起身道歉,說自己要去趕打工;打工時,又常因為社團活動時常與人調班;參加社團活動時,也曾多次因為戀愛對象的關係,提早離開。

　　對大學時代的Molly來說,生活中總是有永無止盡的事跳出來或者是日復一日追著她跑,有時候一件事尚未處理完,另外一件事又趕在身後追來,逼得人一點喘息的機會也沒有。

出社會工作後，當大家以為Molly的情況可能會變得更糟時，卻驚奇地發現，連學生生活都cover不來的她，居然在更為忙碌的職場上游刃有餘，而且還在工作3年後輕鬆升上主管位置。

趁大學開同學會，幾個老同學開始圍攻Molly要求她公開「職場勝利法則」，她聳聳肩，神神秘秘從包包裡拿出一張紙，攤在桌上。大家張著好奇大眼，把頭湊到那張紙上頭。

結果看到以下的內容。每周總時數：168小時（一路發！非常吉祥的數字。）以下是本月的「每周時間預算表」。

每周時間預算表

項目	期望比例	每周大約分配到的時數
睡眠	30%	50小時
工作	30%	50小時
休息	10%	17小時
終生學習	15%	25小時
了解國際市場	10%	17小時
娛樂	5%	8小時

先一次列出自己重視的所有事情，這部分不需要把細項一一羅列，只需要大概寫上終生學習、工作……等等即可。

接下來依照個人期望，給予時間比例上的分配，最後再拿一周168小時，大約算出每周要花在這些事情上多少時間。

對Molly來說，睡眠跟工作都很重要，沒有健康的身體，就沒有美好的人生，同樣的，沒有夠用的收入，也無法保有一定的生活品質，所以她設計出這兩項目各占30%的時間預算。

高掛「休息，是為了走更長的路」為人生志向的Molly，把平常生活中觀看戲劇、和家人聊天吃水果……等等時間，通通歸入這一塊，占當周時間比例為10%，和了解國際趨勢項目一樣。

Molly有時候會一邊輕鬆看財經類雜誌，一邊和家人聊天、看電視，如果發現有值得投資或是需要調整部位的金融產品，就會順手寫進記事本裡，隔天會立刻上網買賣。

終生學習與娛樂，分別代表平面設計與聚會吃大餐，這兩件事都是Molly喜歡做的事，前者幫她成功上網接案、輕鬆兼差每月加薪1萬元，後者讓她人脈存款簿越來越厚實。

對Molly來說，時間就是金錢！

而在時間跟金錢中間最重要的轉化器，正是這張薄薄的「時間預算表」。（想知道Molly是怎麼把每月「時間預算表」，利用非常具體的方法落實到每日生活中嗎？請見下篇文章。）

「財務管理」懶人包

1. 列出自己重視的所有事情，這部分不需要把細項一一羅列，只需要大概寫上終生學習、工作……等等即可。
2. 接下來依照個人期望，給予時間比例上的分配，最後再拿一周168小時，大約算出每周要花在這些事情上多少時間。
3. 時間就是金錢！時間跟金錢中間最重要的轉化器，正是這張薄薄的「時間預算表」。

時間，就是金錢！
時間跟金錢的轉化器
正是這張薄薄的「時間預算表」！

7天 x 24小時=168小時

每個禮拜，我們都有168個小時
可以分配使用！

30%
♥ 睡眠

10%
了解國際市場

10%休息

30%
💡 工作

15%終生學習

5%娛樂

時間>>預算表>>金錢

　　Molly先把「時間」跟「想要去做的事情」進行媒合，接著把時間分配到另外兩大塊時間裡，分別是平常上班時間與假日休息時間。

　　在時間的運用上，平常日與假日的差別比較大，分成兩大塊來作時間預算表會比只做7天的預算表，來的更加精準有效！Molly星期一到五、六日的時間預算表，分別如下頁「一～五每日時間預算表」表格。

　　從下頁「一～五每日時間預算表」表格中，我們可以發現Molly在星期一到五就把工作時數用完，星期六、日完全不碰工作，另外儘管工作忙碌，她還是會盡量抽出時間進行進修，雖然每天都以1、2小時為單位，不求多，只求持續不間斷。

一～五每日時間預算表

	每天執行時數	總和	平常日已完成
睡眠	7小時	35小時	餘15小時
工作	10小時	50小時	※
休息	2小時	10小時	餘7小時
終生學習	2小時	10小時	餘15小時
了解國際市場	1小時	5小時	餘12小時
娛樂	1小時	5小時	餘3小時
通勤等零碎時間	1小時		

一個好習慣的養成，需要的不是一次大量的投入，而是日積月累的積累。

Molly聊到好習慣養成時，突然開心笑開，直說自己以前根本不看財經類的東西，直到開始認真把這件事放入生活時間裡之後，才慢慢培養出興趣。

Molly說她自己現在一天沒看一點財經類消息，還會渾身不對勁，總覺得好像就快跟世界脫軌，甚至還感覺有點不安。

真正開始動手寫「時間預算表」後，Molly才驚覺有許多事情想做，時間真是浪費不得，於是學會開始從「沒時

間」裡「找時間」，結果意外挖掘出不少可以一心二用的寶貴時間。

Molly笑說，這個好習慣之所以能一直做到現在，而且往後她還會持續不斷保持下去，最大的誘因有兩個：一個是她的年收入變多了，另一個是她變得更有自信，也更喜歡自己！

運用「金錢預算表」，可以幫助我們整理好手邊的金錢，做出最有利的安排。

運用「時間預算表」，可以幫助我們釐清楚每天24小時，做出最有效的安排。

「財務管理」懶人包

1. 先把「時間」跟「想要去做的事情」進行媒合，接著把時間分配到另外兩大塊時間裡，分別是平常上班時間與假日休息時間。

2. 儘管工作忙碌，她還是會盡量抽出時間進行進修，雖然每天都以1、2小時為單位，不求多，只求持續不間斷。

3. 動手寫「時間預算表」後，Molly學會開始從「沒時間」裡「找時間」，結果意外挖掘出不少可以一心二用的寶貴時間！

4. 好習慣能持續不斷保持下去，最大的誘因有兩個：一個是她的年收入變多了，另一個是她變得更有自信，也更喜歡自己。

預算表內餡：
期待與幸福感

　　扣除掉工作後，Molly假日的生活安排，重心放在「享受悠閒」跟「享受學習」這兩件事事情上。以下是她假日的「六、日每日時間預算表」。

六、日每日時間預算表

	六、日執行時數	計畫
睡眠	15小時	睡到自然醒。
工作	※(平日已完成)	
休息	7小時	輕鬆看小説，喝咖啡，享受個人的悠閒時光，兩天早上。
終生學習	15小時	下午上完平面設計相關課後，回家閱讀相關書籍。
了解國際市場	8小時	兩天晚上上網跟閱讀雜誌，鬆掌握國際趨勢。
娛樂	3小時	挑一天中午和朋友聚餐，舒平常緊張忙碌的工作壓力。

　　從這張「六、日每日時間預算表」中，我們可以看見Molly在表格後頭多加入「計畫」，除了平常日也會做的終生學習以及了解國際市場外，另外一個大重心則是休息、娛樂，以及睡眠。

　　曾聽過一種說法，每個人的一生就像一本銀行存款簿，每學會一項新的東西、每掌握一項生活要件、學會將工作做得更好、懂得關心他人、弄懂怎麼拿錢賺錢……等等，存款簿後頭就能多加一個零。

　　在這一連串的「零」前面，有一個最重要的「一」！沒有一，再多的零，也只是零，永遠不可能變成一萬、一千、一兆，而這個最重要的一，正是我們的身體健康。

　　Molly深知健康的重要性，也明白平常生活已經夠忙碌，如果連假日都沒有辦法好好休息，那就真的太悲慘了。於是，她給自己的第一條計畫，就是：睡到自然醒。

　　曾有團體統計過，現在上班族最渴望的員工福利是什麼？第一名是準時下班。不是加薪，不是更多的加班費，而是想要更多屬於自己的時間。

　　Molly覺得一週當中，最舒服的一段時間，是「星期六、日兩個能夠輕鬆看小說，喝咖啡，享受一個人的悠閒時

光的早晨時光」。在這段時間裡，她能感受到滿滿的幸福感與滿足感，因為這是她平常忙碌生活換來的悠閒時光。

「悠閒時光」比「充足睡眠」，更能讓人精神放鬆、細細品味生活幸福。

另外，「挑一天中午和朋友聚餐，舒緩平常緊張忙碌的工作壓力」這件事，也能讓她感受到人與人之間親密的互動。

通過每週一次的大餐聚會，Molly不只感情層面被充飽電，連人脈存摺也大有斬獲。不過，儘管聚會好處多，Molly仍舊堅持每週一定要有固定時間，讓她能夠跟自己好好相處！

跟自己相處時，並不需要一定要完成某些事情，只需要靜下心來，悠緩地喘口氣，就能感受到每一顆細胞都被幸福感填充得很滿、很滿。

「財務管理」懶人包

「悠閒時光」比「充足睡眠」，更能讓人精神放鬆、細細品味生活幸福。

假日的「時間預算表」
應著重於：期待與幸福感!

假日的生活安排
重心應該放在
「享受悠閒」跟「享受學習」兩件事上!

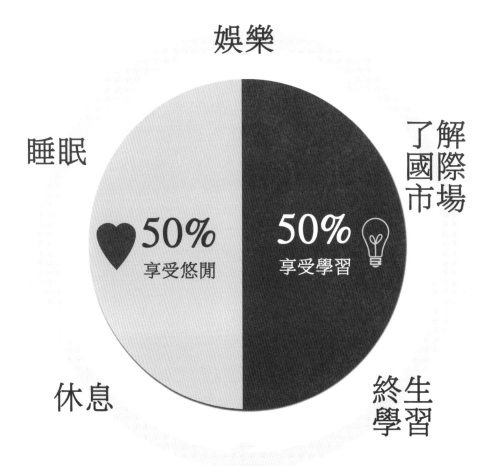

娛樂

睡眠

了解
國際
市場

♥50%
享受悠閒

50%
享受學習

休息

終生
學習

成為良性的循環

生活藍圖預算表

常把「我沒時間了解國際趨勢」、「好久沒去了解投資項目目前狀況」、「都忘記上次上網看股票漲跌是什麼時候」、「一直想學第二專長,可是真的擠不出任何時間」掛嘴上,很可能導致與金錢擦身而過的慘況喔。

我們常把錢丟入投資項目裡,卻常常忘了也需要把時間,投注一些到投資項目的相關領域裡;只有當我們付出時間跟金錢,身邊每一件重視的事情才有可能變得又順又好。這不是天上掉下來的禮物,而是我們長期默默努力跟付出的豐碩果實!

接續上篇文章,事實上,我們可以看到「時間預算表」的確幫Molly除了輕鬆過生活之外,還能在預期自己會完成哪些事情的情況下,把原本許多感覺似乎沒那麼多時間去完成的事,驚人的都一一完成了。

　　Molly和大家分享，其實只要把事情妥善安排近日程當中，就不會因為沒有妥善安排，而導致白白浪費許多時間。

　　另外，也可以因為填寫完「時間預算表」，對自己那個月想要做的事、應該會完成的事，產生了期待感跟心理準備，才不至於發生「好無聊，這段時間不知道要做什麼」、「假日沒約，我就會一整天賴在床上長蘑菇」、「總覺得有好多事情想要做，想要賺更多錢，可是一直提不起勁真正動手去做」這類狀況。

　　Molly每月都會重新調整時間分配，就像投資金融商品，每隔一段時間就要調整部位一樣的道理，永遠要妥善運用身邊每一塊錢、每一秒鐘的重要資源！

　　Molly發現，剛開始填寫「時間預算表」時，會對自己產生「真的可以做到嗎」的質疑，但經過短短幾個月的試營運後，自己居然開始期待每月月底的重新規劃。

　　她知道「適時的調整」能讓自己更有效運用時間，而這些時間將以「更棒的生活品質」、「更多收入」、「全身生活充實感」回饋到她身上。

　　Molly認為，所謂的「預算表」，就是一張專屬於自己的生活藍圖！

當我們依靠自己的力量、想法、創意,去畫出這張藍圖時,當下就會對未來的生活產生一定的期待感,例如:期望自己能利用所學到的平面設計,上網兼差試試身手,同時還能自己給自己加薪。

有「期待」,就能大大提高自我生活的「豐富度」!

「財務管理」懶人包

1. 把錢丟入投資項目裡,卻常常忘了也需要把時間,投注一些到投資項目的相關領域裡:只有當我們付出時間跟金錢,身邊每一件重視的事情才有可能變得又順又好。

2. 只要把事情妥善安排近日程當中,就不會因為沒有妥善安排,而導致白白浪費許多時間。。

3. **Molly**每月都會重新調整時間分配,就像投資金融商品,每隔一段時間就要調整部位一樣的道理,永遠要妥善運用身邊每一塊錢、每一秒鐘的重要資源!

4. 預算表,就是一張專屬於自己的生活藍圖!

預算表的投資指導魔力

　　Molly不管做任何一種投資，從未有過賠到無法收拾的地步，就連投資外幣買賣，也從未失敗過。她透露其中秘訣其實很簡單，答案只有三個字：預算表。

　　Molly曾和朋友一起合夥開過飲料店，善於經算預算表的她，義不容辭製作出一份開店預算表，當時合作方式是大家各自拿出一筆錢投入，只用這筆錢去做，賺錢大家按照資金比例分紅，萬一賠錢要及時止血出場。

　　有了這個大前提，當飲料店開始賺錢時，大家都很開心能拿到一比分紅，只是好景不常，飲料店開店2年後，同一條街上突然冒出3家飲料店，彼此削價競爭的結果是賣一杯賠一杯。

更不幸的是，Molly和朋友合開的飲料店，沒能熬過這波淘汰潮，當飲料店把原本的資金都賠光時，幾位朋友建議把這2年賺到的錢拿出來，再投入，試試看能不能起死回生。

　　經過一番思考，Molly投下反對票，想要繼續保有這間店的朋友，則拿出這2年所賺的錢全部投入，至於Molly則和兩位友人退場。

　　精算過後，Molly發現當初投入的資金，剛好和這2年賺到的錢差不多，加減乘除下來後不賺也不賠，但她還是很開心，畢竟自己還賺到了寶貴的開店經驗，而且正在著手獨立開一間飲料店。

　　半年後，Molly的新店開張了，而當初選擇繼續留下的朋友們黯然收店；當他們把店收起來時，不僅當初的錢拿不回來，連先前2年賺的也賠進去，更慘的是後來還丟入的錢也都拿不回來。

　　因為先前早已經精算過，Molly利用預算的能力，推估這間店恐怕很難擋住這波攻勢，就算支撐下去了，想要靠它賺錢恐怕很難，再者，她估計這波硬撐大約還需要堅持1年，這一年的損失大約要3年時間才能補的回來，前提是，業績要像以前一樣好才行。

　　Molly和決定堅持下去朋友們最大的不同點：當朋友們主觀認為「以前飲料店能賺錢，只要打敗對方，它還是可以持續賺錢」，但她的想法來自預算表，數字很少擁有抽象的主觀認定，硬梆梆的數據告訴她，情況變得很不妙，想要谷底翻身，至少要耗4年以上。

　　Molly能輕巧避開這次的失敗經驗，原因無他，只是她比其他朋友更懂得在何時收手而已。在外幣買上，她把這項特質表現得更加淋漓盡致。（欲知Molly高掛不敗紀錄的外幣投資技巧，請見下篇《不敗的外幣投資原則》。）

「財務管理」懶人包

1. 不管做任何一種投資，從未有過賠到無法收拾的地步，就連投資外幣買賣，也從未失敗過，其中秘訣其實很簡單，只有三個字：預算表。
2. Molly發現當初投入的資金，剛好和這2年賺到的錢差不多，自己還另外賺到寶貴的開店經驗，而且正在著手獨立開一間飲料店。
3. Molly的想法來自預算表，數字很少擁有抽象的主觀認定，硬梆梆的數據告訴她，情況變得很不妙，想要谷底翻身至少要耗4年以上。正是因為這條訊息，從數據中透露出來，讓她成功避開危機。

不敗的外幣投資原則

Go!

　　Molly投資外幣從來沒有賠過錢，除了選擇良好的幣別以外，她還有一個最終極的秘密武器：「停利預算表」。在投資領域裡，很多人會說一定要給自己設定停損點跟停利點，否則很容易淪為追高賣低的慘況中。

　　這是普遍人的心態，就像看到身邊的人股票開始賺錢，也會忍不住手癢，買了跟對方相同的股票，殊不知這時候進場買股，最容虧到錢，這就是所謂的追高。

　　一般股票操盤的高手，看到身邊某人因為某支股票開始賺錢時，不管誘惑力有多大，絕對不會追高買該支股票。

　　在投資的領域裡，有一個很有趣的現象：當我們走的路剛好與身邊的人相反時，幾乎已是賺大錢的保證。

　　把焦點轉回Molly身上，雖然她也知道投資前要先設下停損點跟停利點，但所謂的這兩點，其實不過是兩個數字，背後如果沒有更具體的東西支撐，Molly擔心就算設下停損點跟停利點，自己也根本不會遵守。

　　例如：當手中握有的股票一直往上飛漲，人類的預期心理大多會認為它一定還會繼續漲，自己要等到漲到最高點再賣，才能賺最多。

　　「想要賣在最高點，買在最低點」是每個投資人內心深處最大的渴望，但實際情況往往與人的希望相反。

　　Molly投資外幣從來沒有賠過錢的法則很簡單，除了設立停損點跟停利點之外，還會在這兩個數字底下，多貼上一份「預算表」。

　　這份「預算表」寫的內容很簡單，例如：Molly在7月時用27萬台幣買了1萬塊澳幣，她給自己設下的停利點是「澳幣漲到29塊就開始分批賣掉」，結果隔年7月澳幣漲到29塊（台幣）。

　　Molly雖然想賣掉，但又想到說不定澳幣還會繼續漲，內心忍不住開始質疑起來，如果沒有預算表，她很可能會癡癡等待澳幣再繼續往上飆，但這時候先前寫的「預算表」的

內容，跳出來提醒她：用27萬台幣賺到2萬台幣，已經相當不錯，應及時退場。

Molly回想起當初就打算賺到2萬台幣，現在已經達到標準，那就獲利了結，如今已經到達當初預計的水平，雖然渴望澳幣還能飆得更高一些，但仔細想想，如預期般賺到2萬台幣也在水準之上，於是乖乖捧著獲利，暫時離開市場。

永遠不要太貪心，往往能成功避開那些煩人的小失敗。

「財務管理」懶人包

1. 看到身邊的人股票開始賺錢，也會忍不住手癢，買了跟對方相同的股票，殊不知這時候進場買股，最容虧到錢，這就是所謂的追高。

2. 背後如果沒有更具體的東西支撐，Molly擔心就算設下停損點跟停利點，自己也根本不會遵守。

3. 「想要賣在最高點，買在最低點」是每個投資人內心深處最大的渴望，但實際情況往往與人的希望相反。

4. 當初就只打算賺到2萬台幣，現在已經達到標準，就該獲利了結，雖然渴望澳幣還能飆高，但仔細想想，如預期般賺到2萬台幣也在水準之上，於是乖乖捧著獲利，暫時離開市場。永遠不要太貪心，往往能成功避開那些煩人的小失敗。

Part 5

投資的預算表就是
投資計劃

時間或許不像存款、房地產、公司、股票，可以直接換算成一個數字，但只要把時間投資到對的事情裡，就可以為我們帶來大量財富。

專業知識一定要有

　　朋友郁華是個工作忙碌的上班族，平常下班回到家後已經晚上10點多，吃完消夜、洗完澡再抬頭看時鐘，往往超過半夜12點；隔天早上，郁華又得在6點半起床，8點前出門，才能準時抵達公司。

　　在日復一日忙碌的生活之中，郁華希望能抽出點時間，研究一下投資理財的領域，讓自己存在銀行裡宛如死水的錢，能夠活用起來，甚至幫自己一腳踏進拿錢賺錢的領域裡。

　　雖然心中一直想積極投入理財這一塊，但郁華始終遲遲沒有動靜，看著每年存下1/4收入的存款金額，外加三節獎金也幾乎都乖乖存在銀行裡，想要投資理財的心越來越堅定。

　　尤其在身邊同事們積極購買大量黃金、股票、定期定額基金、外幣……等等金融商品時，郁華想要投資理財的慾望日漸高漲。

　　郁華之所以只有想法、尚未真正行動的原因：她想要先自行研究投資理財的領域後，再把錢投入市場裡。對郁華來說，如果只是單純把錢交給銀行專業理專處理，感覺很像把生殺大權從自己手中交付出去。郁華的父親很熱衷於投資，在郁華還在念大學時，就已經為女兒仔細分析過了以下幾件事：

　　第一點，銀行提供的任何服務，都需要收手續費，郁華父親年輕剛開始投資時，曾經發現自己一年的收益，居然比不上銀行當年從他這裡收取的手續費？

　　經過詢問後，才發現委託操盤的人多次買賣，每一筆買賣都要額外收取手續費，最後竟演變成郁華父親出錢投資，結果銀行竟賺得比他還多的狀況。

　　最令郁華父親反感的是，銀行在每次買賣中賺取的手續費，並不需要承擔風險，他卻是拿自己口袋裡的錢，冒著可能賠的風險，結果收益居然比銀行還少。

　　第二點，郁華父親認為把錢交到別人手中，請對方代為操盤，本身就是一樁不利於自己的買賣。

賠錢算他的，賺得收益又沒銀行所有手續費加總起來多，還有郁華父親認為最虧的一點：幫忙操盤的人，拿別人錢投資，自己不但不用負擔風險，還賺到寶貴的實戰經驗。

因為父親的關係，郁華雖有投資想法，但前提是必須自己了解過後，再進入這塊領域大賺投資財。

於是，郁華投資的第一步：從忙到快要炸掉的行程裡，再擠出寶貴的時間，培養本身投資理財方面的知識，增高自己財商後，再把辛苦賺來的錢投入市場裡。

「財務管理」懶人包

1. 抽出點時間，研究一下投資理財的領域，讓自己存在銀行裡宛如死水的錢，能夠活用起來，甚至幫自己一腳踏進拿錢賺錢的領域裡。

2. 銀行提供的任何服務，都需要收手續費，郁華父親年輕剛開始投資時，曾經發現自己一年的收益，居然比不上銀行當年從他這裡收取的手續費？最後竟演變成郁華父親出錢投資，結果銀行賺得比他還多。

3. 郁華父親認為最虧的一點：幫忙操盤的人，拿別人的錢投資，自己不但不用負擔風險，還賺到寶貴的實戰經驗！

4 請擠出寶貴的時間，培養本身投資理財方面的知識，增高自己財商後，再把辛苦賺來的錢投入市場裡。

理「財」之前，先理「時間」

　　每個人手中其實都握有兩項重要資產，一個是可以用金錢計量的「錢財」，不管是存款、房地產、公司、股票、基金⋯⋯等等，都可以屬於這一類；另一個則是無法用金錢計量的「時間」。

　　時間或許不像存款、房地產、公司、股票，可以直接換算成一個數字，但只要把時間投資到對的事情裡，就可以為我們帶來大量財富。

　　在我們出生時，最先擁有的不是金錢，而是人人平等、一天24小時的時間。

　　人生初期，誰擅長運用時間，誰就能擁有更棒的機會。「投資的預算表」就是「投資計劃」，而投資計劃第一步，就是先規劃時間優先順序，製作出屬於自己的「時間預算表」。

郁華看著身邊同事們積極購買大量黃金、股票、定期定額基金、外幣……想起自己堆在銀行裡的那些存款，心中難免想要跟著大家一起買點什麼，免得賺錢都是別人家的份，一切與她無關，那情形光想就覺得心酸。

　　雖然父親曾經告訴過她投資理財絕對不要跟風，一旦跟風，好不容易存到的存款很可能因此迅速縮水！郁華擺盪在「不顧父親警告、直接跳下去買」和「暫時先忍住，等強化自身財商後再出手」之間，辛苦猶豫掙扎了許久。

　　最後，郁華選擇隱忍住想要購買金融商品的慾望，同時為自己訂定一張「時間預算表」，也就是規劃時間優先順序，她想要依賴自己的判斷，在金融產業中挑出真正能幫她賺到錢的商品。

　　就在這時候，黃金價格突然大跌，在身邊一片「資產縮水幾分之幾」的哀號聲中，郁華猛然意識到，說不定現在正是危機入市的好時間，於是她立馬加快腳步，迅速制定出一份「時間預算表」。

　　首先，郁華從規劃時間優先順序開始做起，先把不需要做的事，從日常生活中剔除，接著把「必須要做」、「可以合併兩件事一起做」，以及「自己想要做」三大方向的事提取出來，做出閃亮亮的「時間預算表」，讓她能在3個月

內，靠自己的判斷能力進場投資。

「財務管理」懶人包

1. 每個人手中其實都握有兩項重要資產，一個是可以用金錢計量的「錢財」，另一個則是無法用金錢計量的「時間」。

2. 「投資的預算表」就是「投資計劃」，而投資計劃第一步，就是先規劃時間優先順序，製作出屬於自己的「時間預算表」。

3. 只要把時間投資到對的事情裡，就可以為我們帶來大量的財富！

4. 把「必須要做」、「可以合併兩件事一起做」，以及「自己想要做」三大方向的事提取出來，做出閃亮亮的「時間預算表」，讓她能在3個月內，靠自己的判斷能力進場投資。

時間預算表

　　郁華考慮到工作跟睡眠時間後，製作出一份「時間預算表」，大致內容如右頁：

　　依照上述「時間預算表」進行自我學習，郁華預估3個月後，自己已經累積了三本財經類相關的雜誌、瞭解各大銀行黃金價格、蒐集身邊已在投資黃金朋友的心得、有關黃金市場的書籍三本、全球經濟脈動的書籍三本，以及90多天持續的新聞資訊量。

　　當郁華不斷累積相關知識與資訊時，一雙眼睛不忘緊盯著黃金價格，密集觀察黃金市場價格，當適合的買點一出現，郁華立刻投入資金。

　　不過，她並不是一次把所有資金投入，而是採取另外一個更好的購買策略：分批買進。

時間預算表

分類	事項內容	頻率	預估花多少時間處理	平均所花時間	目標達到難易	是否有持續必要？
必須要做	瞭解黃金價格波動	每天快速閱讀報紙	每天10分鐘	每天10分鐘	易	是
	閱讀相關財經雜誌	每月一本相關雜誌	每天睡前半小時	每天睡前40分鐘	易	是
合併一起做	觀察各大銀行黃金價格	每月一次	利用零碎時間滑手機調查市場價格	約40分鐘	易	否，已大約瞭解。
	和有購買黃金同事討論黃金市場	有機會就開啟話題	視討論狀況而定	約1個多小時	易	是
自己要做	選讀有關黃金市場的書籍	每月一本	每月前4個六、日	總共約5小時	較難	是
	選讀全球經濟脈動的書籍	每月一本	每月後4個六、日	總共約5小時	略難	是

她採用分批購買的方式，不斷買進相對低點的黃金，逢低加碼買進，因為不知道黃金還能跌到多低，利用分批購買模式，可以取得一個不錯的平均數字。

　　最後，她貫徹巴菲特著名守則：當別人貪婪時，我感到害怕；當別人害怕時，我開始貪婪。

　　郁華開始進場購買黃金時，身邊有不少同事大量資金被套牢，有人急著想要認賠出場，有的則感嘆自己沒有多留一點閒錢，好趕上這波逢低買進的最佳買點。

　　至於郁華，她則是撥出所有存款的30％大量購買，而不是投入身邊所有的閒置資金，以確保做好分散風險。

　　在忙完購買相對低價的黃金後，郁華開始把視線轉向外幣，並打算以3：3：4的分配方式，將身邊閒置資金投入儲蓄、黃金、外幣。

「財務管理」懶人包

1. 密集觀察黃金市場價格，當適合的買點一出現，郁華立刻投入資金，分批購買相對低點的黃金，逢低加碼買進。

2. 不少同事大量資金被套牢，有人急著想要認賠出場，有的則感嘆自己沒有多留一點閒錢，好趕上這波逢低買進的最佳買點，至於郁華，她則是撥出所有存款的30％大量購買。

隨時評估、調整時間預算表 以求達到最佳的時間運用！

- ☑ 事項內容
- ☑ 頻率
- ☑ 預估花多少時間處理
- ☑ 平均所花時間
- ☑ 目標達到難易
- ☑ 是否有持續必要？

可以合併
一起做

必須
要做

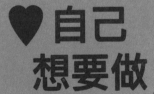
自己
想要做

選擇適合自己的金融商品

應該投資股票，還是外幣呢？

當郁華完成黃金投資的佈局後，仔細思考了這個問題，最後她率先選擇了外幣當作最開始的投資標的。

個性保守的郁華希望能挑選出最適合自己的金融商品，選擇外幣投資的原因有以下幾點：

第一點，背後老闆是誰？

外幣背後的老闆是一個國家，而不是一個人，相對而言，郁華覺得外幣變壁紙的機率比較小，股票則要承擔比較大的風險，似乎比較不適合走保險風格的自己。

第二點，萬一它不漲，能有其他運用的方式嗎？

郁華本身是個非常熱愛旅遊的人，大學畢業後每年幾乎都會出國旅遊一次，對她來說，如果投資外幣後，該幣別遲

遲不漲，就當作提前為出國旅行做準備，拿去國外通通花掉，減少心理資金損失的壓力。

第三點，可以同時賺到匯率跟利率。

外幣因為需要兌換的關係，會產生所謂的匯差利潤，另一方面，外幣也是錢幣的一種，放在銀行裡照樣可以定存賺利息錢，如果夠幸運的話，就可以一次賺到匯率跟利率。

不過，郁華也曾經碰過定存利率非常低的外幣，雖然台幣定存利率不高，但好歹也有1％以上，有的外幣定存低於0.5％，相對而言並不划算，如果再碰上匯率損失，那將是令人痛苦的二次打擊。

另外，在初期投資時，郁華也曾經受到3％以上美好利率的誘惑，買進南非幣並做好定存，沒想到後來南非幣一路下跌，從4元跌成不到3元（台幣），雖然利率依然不錯，根本不足以彌補匯率方面的重大損失。

郁華捧著再也沒有漲回去過的南非幣，足足長達兩年之多，最後不得不認賠出場。

雖然賠了錢，但她從此學會買賣外幣，必須先評估匯率，再看利率，因為匯率對投資造成的影響，遠遠大於利率，如果雙眼只盯著肥美的利率，很可能又會為自己帶來另一次的重大損失。

「財務管理」懶人包

1. 外幣背後的老闆是一個國家，而不是一個人，想對而言，郁華覺得外幣變壁紙的機率比較小，股票則要承擔比較大的風險，比較不適合走保險風格的自己。

2. 如果投資外幣後，該幣別遲遲不漲，就當作提前為出國旅行做準備，拿去國外通通花掉，減少心理資金損失的壓力。

3. 買賣外幣，必須先評估匯率，再看利率，因為匯率對投資造成的影響，遠遠大於利率！

利潤可能高達200%、300%的投資

　　投資需要預先分配好自己的閒置資金，以免突然失心瘋發作，不知不覺中把所有雞蛋放在同一個籃子裡；時間也需要預先分配好，以免被忙碌生活追著跑，不知不覺中把所有時間浪費在自己並不感興趣的事物上。

　　當我們預先算出要花的金錢、時間後，接下來能比較無後顧之憂去做某件事，或者是規劃某件事，但如果沒有先做這個預先精算的步驟，很可能會在沒有留心的狀況下，任憑時間跟金錢從我們指縫中溜走。

　　有了金錢預算表，我們能清楚知道購買某樣產品的最高上限是多少，避免花超過或透支；有了時間預算表，我們更可以有效運用寶貴的時間。

　　就像一個國家的預算案，如果沒有預算表，可能對國家造成兩大傷害：第一個是許多重大工程跟案件，恐怕將難以推動；第二個則是一旦案件啟動，所要砸進去的資金跟時間，將會變成一個無止盡的大黑洞。

　　預算表的存在，不是為了限制，而是想要更有效運用手邊所有資源！在所有投資項目中，有一種投資幾乎穩賺不賠，而且還有可能以200％、300％，甚至是千倍以上的回收收場，更棒的是，這種投資往往有加乘效果，大家願不願意先猜猜看，這是什麼投資呢？

　　這種投資其實大家都聽過，答案就是：投資自己。

　　「投資自己」換句話說，其實就是永遠不要停止學習新鮮事物，原因有以下幾點：

第一點：我們會更愛自己。

　　當每天不斷進步一點、再進步一點，其實我們是可以感覺得到的，面對一個持續越來越好的自己，一定能夠因此感覺更開心，也更幸福。

第二點：提高把興趣變成工作的可能性。

　　透過投資自己、不斷學習新東西，挑選出自己真正的興趣，並提高把它發展成第二賺錢管道的機率。

很多人沒有從事自己感興趣的工作，最大的原因不是能力不足，而是不知道自己真正的興趣到底是什麼？或者隱約察覺到了，卻沒有往下深耕，因此錯失把興趣變成工作的機會。能把興趣當工作的人是幸運，也是幸福的，只是這樣的幸運跟幸福，往往必須由我們主動爭取、積極學習才有可能獲得。

第三點：萬一中人生大獎，賺錢比較快。

　　朋友Amy當上班族時，每月薪水大約有25K，加上各種獎金，總年收入大約落在40萬元左右。喜歡畫插畫的她，在工作期間也不忘進修，不斷增進繪畫功力，甚至還規定自己每天必須完成一張插畫，同時經營部落格，持續累積作品的質與量。

　　接著，Amy開始上網接外包案，自己替自己加薪，2年後，上班每月薪水小額增加到26 K，年收入卻大大增加為60萬元左右，足足多了20多萬，其中有將近20萬是靠畫插畫賺來的收入，最後甚至還有出版社提出邀約，開始出書分享創作。

第四點：機會滾著另外一個機會。

　　當我們踏入某個領域學習新東西時，往往可以遇到那個領域的專業人士、跟自己一樣對這個領域有興趣的人、多認識許多志同道合的朋友，以及獲得相關重要資訊。

有時候埋頭自己學習固然好，但如果有夥伴一起加油打氣，往往能進步得更快，再者，因為大家關注的焦點相同，可以從各個層面獲得相關訊息的廣度也比較廣，可以彼此分享，互相交流。

不管工作再忙、收入多寡，持續培養各種興趣與愛好，將會是我們通往更幸福未來的機會車票。

「財務管理」懶人包

1. 預先算出要花的金錢、時間後，接下來能比較無後顧之憂去做某件事，但如果沒有先做這個預先精算的步驟，很可能會在沒有留心的狀況下，任憑時間跟金錢從我們指縫中溜走。

2. 「投資自己」換句話說，其實就是永遠不要停止學習新鮮事物，原因有以下幾點：第一點：我們會更愛自己。第二點：提高把興趣變成工作的可能性。第三點：萬一中人生大獎，賺錢比較快。第四點：機會滾著另外一個機會。

3. 能把興趣當工作的人是幸運，也是幸福的，只是這樣的幸運跟幸福，往往必須由我們主動爭取、積極學習才有可能獲得！

Part 6
附錄空白表格

為什麼要擁有「金錢預算力」？這是為了「有效自我控制」荷包裡辛苦賺到的每一塊錢。

為什麼要「有效自我控制」荷包裡的錢？這是為了「有效自我管理」荷包裡辛苦賺到的每一塊錢。

購買「意外高單價物品」心想事成表

財務目標：

【預算表】

>>每個月只要順利存下　　　　元，就能輕鬆買到夢想中的　　　。

目前收支狀況：
收入：月薪　　　　萬元。

支出：
固定支出，約為　　　　萬元。

固定儲蓄，約為　　　　萬元。

流動支出，約為　　　　萬元。

可以從哪一項支出，把錢省下來？

流動支出帳簿

流動支出	每天支出	每月支出	後來支出	當月現省
早餐				
午餐				
晚餐				
聚會大餐				
娛樂費(唱歌)				
治裝、鞋費				
保養品費用				
雜用				
飲料費				
零用金				
每月流動支出總和				

固定支出帳簿

固定支出	每天支出	每月支出	後來支出	當月現金
房租				
勞健保或國保				
水費				
電費				
手機費				
室內通訊				
網路費				
保險費				
瓦斯費				
交通費				
每月固定支出總和				

支出預算表		年　月　日 填表	
存入日期	存入金額	累積總金額	距離目標只差？
預計今年存下金額			
先前累積金額			
總共累積金額			
預計何時達到目標			
實際達到目標日期			

個人資產體質

存款體質	今年總收入	兼職／獎金收入	A銀行活用戶頭存款	B銀行存款	C銀行定存	房地現值
一月						
二月						
三月						
四月						
五月						
六月						
七月						
八月						
九月						
十月						
十一月						
十二月						
年度總收入						

個人總資產

存款 體質	A銀行活用 戶頭存款	B銀行 存款	C銀行 定存	房地產 現值	總和
一月					
二月					
三月					
四月					
五月					
六月					
七月					
八月					
九月					
十月					
十一月					
十二月					
年度總 收入					

Lillian存款預算表

年齡	預計存入金額 （萬元）	實際存入金額 （萬元）	累積金額 （萬元）
預計每年存下金額			
平均每年存下金額			
預計何時達到目標			
實際達到目標日期			

存款預算表／目標導向版

0年存款預算表	預計存入金額 （萬元）	實際存入金額 （萬元）	累積金額 （萬元）
1			
2			
3			
4			
5			
6			
7			
8			
9			
1 0			
計每年存下金額			
勻每年存下金額			
票總金額			
際達到目標年分			

存款預算表/總金額版

金額/時間	一個月 存款	半年 存款	一年 存款	五年 存款	十年 存款
每月固定 存　　元					
每月固定 存　　元					
每月固定 存　　元					
每月固定 存　　元					
每月固定 存　　元					

「　　」年所有儲蓄一覽表

明細	金額		明細	金額
先前總儲蓄			十月儲蓄	
一月儲蓄			十一月儲蓄	
二月儲蓄			十二月儲蓄	
三月儲蓄			獎金儲蓄	
四月儲蓄			紅包儲蓄	
五月儲蓄			三節獎金儲蓄	
六月儲蓄			專案獎金儲蓄	
七月儲蓄			當年總儲蓄金額	
八月儲蓄			歷年總儲蓄金額	
九月儲蓄				

預算安排歷程

步驟一：先調查所需費用。

預算安排」金額：　　　　　萬元

步驟二：打算在多久時間之內，存到這筆款項。

「預算安排」時間：

步驟三：把預算金額與時間「具體化」。

「預算安排」行為：每個月存下　　　　元。

預計達成目標日期：

預估預算表

預估預算表	金　額
先前每日吃吃喝喝總計	
目標每日吃吃喝喝總計	
目標達成，一個月可以多存下？	（　　元×30天） 相當於當時 / 薪水

每日吃喝預算表

每日吃吃喝喝 明細表	大概 項目	平均金額 （元）	如何調整	後來 平均花費 （元）
早餐				
午餐				
晚餐				
每日吃吃喝喝 總計			每日吃吃喝喝 「目標總計」	

每月多存下「 」元預算表

每月大概支出	平均金額（元）	如何調整	後來平均花費（元）
每月三餐費用			
水費			
電費			
手機費			
室內通訊			
網路費			
保險費			
瓦斯費			
交通費			
聚會大餐			
娛樂費（唱歌）			
治裝、鞋費			
雜用（沐浴用品、保養品費用）			
零用金（勞健保）			
總計		「目標總計」	
		能多存下？	★達到多存錢的目標

時間預算表

分類	事項內容	頻率	預估花多少時間處理	平均所花時間	目標達到難易	是否有持續必要？
必須要做						
合併一起做						
已要做						

每周時間預算表

項目	期望比例	每周大約 分配到的時數	

一～五每日時間預算表	每天執行時數	總和	平常日 已完成

六、日每日時間預算表	六、日執行時數	計畫
睡眠		
工作		
休息		
終生學習		
了解國際市場		
娛樂		

多做少說賺到第一個100萬
定價NT150元

*最高規格的製作

　　本書運用全彩圖解的高規格製作，用通俗化的語言、豐富的圖表，包含「勇者無懼的0.5秒奇蹟」、「林書豪的可愛西裝照」、「書呆子加油方式」等繪圖，力圖讓讀者輕鬆認識林書豪，並且讓他的成功故事可以激勵更多正在努力的人。

*林書豪旋風大公開

　　本書堪稱為最完整的林書豪成功學，從林書豪的崛起、心路歷程、堅持夢想、謙虛待人等方面，作者都有精彩且詳盡的解析。

*本書作者版稅全數捐出

　　林書豪不為名利而賺錢，因此作者也決定此書的版稅將全數捐獻給「財團法人基督教愛網全人關懷社會福利慈善事業基金會」。

Encourage

財經雲 23

出 版 者／雲國際出版社
作　　者／典馥眉
繪　　者／金城妹子
總 編 輯／張朝雄
封面設計／艾葳
排版美編／YangChwen
出版年度／2015年02月

我的第1本預算計畫寶典

郵撥帳號／50017206 采舍國際有限公司
（郵撥購買，請另付一成郵資）
台灣出版中心
地址／新北市中和區中山路2段366巷10號10樓
北京出版中心
地址／北京市大興區棗園北首邑上城40號樓2單
　　　元709室
電話／（02）2248-7896
傳真／（02）2248-7758

全球華文市場總代理／采舍國際
地址／新北市中和區中山路2段366巷10號3樓
電話／（02）8245-8786
傳真／（02）8245-8718

全系列書系特約展示／新絲路網路書店
地址／新北市中和區中山路2段366巷10號10樓
電話／（02）8245-9896
網址／www.silkbook.com

我的第一本預算計畫寶典/典馥眉著.
-- 初版. -- 新北市：雲國際，2015.02
面；　公分

ISBN 978-986-271-581-9 (平裝)

1. 財務管理 2.預算

494.7　　　　　　　103027836